1秒って誰が決めるの?

日時計から光格子時計まで

安田正美 Yasuda Masami

★――ちくまプリマー新書
215

目次 ＊ Contents

イラスト　モリナガ・ヨウ
構成・文　桜井裕子

はじめに

時計は私たちの生活にとても身近な存在です。それにもかかわらず、不思議なことに、学校では小学校1年生のときに時計の読み方を学ぶほかは、時計について学ぶ機会はありません。

しかし、人類の歴史を振り返ると、時を計ること、そのための道具＝時計をつくること、そして時計の精度を高めていくことは、政治や産業、科学技術とつねにかかわり、大きな影響を及ぼしてきました。時計の技術なくして社会の発展はなかった、といっても過言ではないかもしれません。そしてそれは、現在もかわりはありません。

私は、産業技術総合研究所（産総研）というところで、「イッテルビウム光格子時計」の研究開発に携わっています。ほとんどの方にとって、イッテルビウム光格子時計という名前を聞くのは初めてなのではないかと思います（イッテルビウムというのは原子の名前です）。

最先端の科学技術の成果であるこのイッテルビウム光格子時計の到達可能な精度は、0・000000000000000001（10^{-18}）。これは、宇宙の年齢と同じ137億年に1秒ずれるかずれないか、というぐらいの精度です。そしてこの時計は現在、将来の世の中における新たな「1秒」の基準となる可能性をもっています。

そう、実は「1秒」の定義も、時代とともに変化しているのです。

この本では、まず、これまで人間が時間というものをどのようにして認識してきたかを振り返ります。時の計測は、長く天文学の分野で行われてきましたが、現在では物理学の範疇《はんちゅう》で行われています。時を計る技術の歴史をたどりながら、「1時間」「1分」「1秒」という長さが、誰によってどのように決められてきたのかをみていきましょう。

そして、現代の「イッテルビウム光格子時計」では、どのように時間計測を行い、正確な「1秒」の長さを得ているのかについて紹介します。

最後に、時間計測の精度を極めていくことによって、社会はどう変化し、この次の時代にはどのようなことが起こるのかを考えてみます。

時間計測技術の進歩により、これまでも、それまでの人々には全く想像もつかなかった、さまざまなことができるようになりました。たとえば、今のカーナビ等で使われているGPSという技術も、50年前の人は、想像もしなかったでしょう。原子時計が発明された時点では、そのように応用できると誰も思わなかったものが、今は普通のことになっているわけです。ですから、光格子時計が出てきて、次にどうなるかというと、実は、まだ誰にもわかりません。

いずれにしても、そのような新しい科学技術も、精度の高い時計がなければ実現できませんでした。まず、時計が存在することが重要なのです。何かしたいと思っても、そのときによい道具がないと、いくら後から追いつこうとしても無理なのです。その時点では、将来どのように実用化されるか必ずしも明確になっていなくてもよいから、究極の科学技術を一つ持っておくと、そこから無限の広がりが生まれていきます。「究極の1秒」を追い求める科学は、そのような無限の可能性をもっているのです。

本書を通して、「時」と「時計」のおもしろさを知り、時を計るための科学への関心を深めていただければ幸いです。

第1章

時はどのように計られてきたか

——時計の歴史

1　時間とは何か

時間は「変化」によって認識できる

私たちはいつも、時間というものを意識しています。生活においては食事や出勤など、何時にその行為を行うかが決まっている物事も多く、時間を気にせずに1日を終えるようなことは、現代においては少ないのではないでしょうか。このような時間は、何かの「基準」にもとづく、物理量としての時間といえます。

一方で、楽しいときは、あっという間に過ぎるように感じ、苦しいときはなかなか終わらないように感じるなど、時間という感覚には主観もかかわっています。年齢を重ねるほど、時が経つのが早く感じる、ということも誰もが経験することでしょう。

時間はこれだけ私たちの生活とも感覚とも密接にかかわっていますが、そもそも、人間の感覚器には、時間に関するものは存在しません。長さであれば、目で見てわかります。手の大きさなどで比較することもできます。暑さや寒さ、圧力なども皮膚で感じ取ることができます。しかし、時間については時計によってしか計ることができないのです。

一方で、長さや温度などに比べて、時間は最も精密に計測できる物理量でもあります。時間とはこのように不思議な概念であり、物理量ということができます。

時間というものについては、これまで古今東西の哲学者、科学者たち、たとえばアリストテレス、ガリレオ、ニュートン、カント、アインシュタインなど、そうそうたる人たちが考えてきました。ではその正体は何かといっても、やはり実体がない「概念」なので、言葉で表現することは難しいでしょう。

時間に区切りをつけること

時間とは何かをあえていうならば、「変化」に必然的に付随する概念、ということができると思います。たとえば、砂時計で流れ落ちていく砂を見れば、時間が流れていること自体は認識できます。でも、感覚器をもっていないので、私たちには「どれくらい」という認識はできず、砂が完全に流れ落ちて初めて区切りができて、3分なり5分なりという決まった時間を認識できることになります。そして、砂が落ちきった砂時計は変化しないので、そこからは何の「情報」も取り出すことができません。

1日という単位も、連続的に流れていく時間に1日という時間で区切りをつけているわけです。このときの区切る基準は天体や季節の「周期的変化」です。それをもとに日、月、年という時間で区切って、私たちは時間単位を認識しているということになります。

人間はそのように連続的に流れる時間に、何らかの区切りをつけてきました。その区切りが「単位」というものです。日常生活でも季節ごとに行事が置かれていますが、それも流れに区切りをつけている良い例だと思います。

この後は、あまり哲学的議論には深入りせずに、時間の素朴なイメージをつかむために歴史をふり返ることにしましょう。

2　暦の誕生から「1秒」を刻む振り子時計まで

時計の誕生——暦と日時計

人類最初の時計というのは、「暦」といわれるものです。分かり易く言うとカレンダーであり、これは1日を単位とする一覧式のデジタル時計といえます。暦とは、太陽や月の動きを基準に時間の流れを測り、体系づけていくこと。太陽と月が基本中の基本で、何千年もの間、人間にとっては、これが時計代わりでした。

太陽と月、二つの天体の動きを基本にするということは、異なる周期をもつ現象を組み合わせる、ということでもあります。要するに、観察対象が一つでは時間を計るのに都合がよくないわけですね。つまり、このように時間を計るにあたっては、最小公倍数の考え方がもとにあるということになります。素数の考え方、といってもよいでしょう。暦の誕生は、同時に、数学の芽生えでもあったのです。

また、暦は日食をはじめとする天体現象の「予言」にも必要でした。昔、暦をつくることは、天文学ではありますが「占星術」であり、政治ともほとんど直結していたといえます。古代の為政者（王）は、そのような天の変化、すなわち〝天変〟などを全て把握して予言し、それを民衆に知らせることによって権威を保っていたようなところがあるのです。たとえば中国では、皇帝は「時をも支配する存在」とされていました。この表現などは、暦を司ることと権力の関係を非常によく表しているといえるでしょう。

暦を把握しておくことには、現実的な理由もありました。農業にとって、いつ梅雨《つゆ》に入り、いつ台風が来るのか、それによっていつ川の氾濫《はんらん》があるのかということは、その年の収穫量を左右する非常に重要な情報であるからです。民を養っていくという意味においても、暦を知ることは非常に大切なものだったわけです。だから天文学と政治は、古代においてはほとんど一体となっていました。

「時計」は暦からスタートし、その「時計」を見ながら生活に応用していたわけですが、太陽の動きを時間観念の基本におくのは、おそらく人間だけではなく、他の動物もそうでしょう。夜行性の動物もいますし、そこに周期があることを認識していることがわかります。とにかく、太陽の動きが一番わかりやすいのです。道具が何もなくても、太陽を見れば、朝・昼・夕方・晩、ということがわかりますから。

とはいえ、この段階では、1日の長さや季節の移ろいはわかっても、現在、私たちが普通に認識している「1分」「1秒」という細かい時間の概念はありません。そもそも当時の人々としては、「太陽が出たら起きて働いて、日が沈む前にかえって寝る」といったような大雑把な概念しか必要でなかったはずです。それが、ある時点から「1日」として区分されるようになりました。

最初の人口的な機器としての時計は、紀元前3000年頃のエジプトでつくられた日時計です（起源はそれ以前のバビロニアにあるといわれています）。日時計は、太陽の動きに従って時計の部品の影が動いていくことを利用し、影の届く位置に目盛を入れて、1日を分けていったものです。この時代の感覚では、少なくとも今の時間の2時間程度に区分しておけば十分でした。しかし、人間には正確な時計がほしいという欲求が尽きることなく存在し、その欲求ゆえに、時計は現在まで進化し続けてきたのです。

水時計から砂時計へ

西洋の時計の歴史をみると、日時計の次に水時計が出てきます。水時計も、やはり紀元前16世紀頃のエジプトで発明されたといわれています。同じころ、バビロニアにも水時計はあったようです。

水時計があれば、太陽の出ていない夜でも時間が計れます。ボールに小さい穴を開けておくだけの、シンプルな構造です。そのボールに水をいっぱい入れます。水が穴から流れ出し、すべてなくなるまでの時間は一定であることから、ボールの内側に目盛を刻んで時を計っていました。しかし、残念なことに、これは北ヨーロッパでは使えませんでした。冬になると凍ってしまいますからね。持って行った人はさぞショックだったでしょう。

その後に発明されたのが砂時計です。ボールの代わりにガラス細工を用い、水の代わりに砂を用いるというわけです。古代ギリシャ、ローマの頃には存在していたという話もありますが、イタリアで精巧なガラス細工がつくれるようになった11世紀以降、コンパクトで持ち運びに便利なこともあって、航海などに用いられたと考えられています。砂時計の登場で3分でも5分でも自由に計れるようになりましたが、すぐに砂が落ち切るので、しょっちゅうひっくり返さなければならない、という面倒なものでもありました。

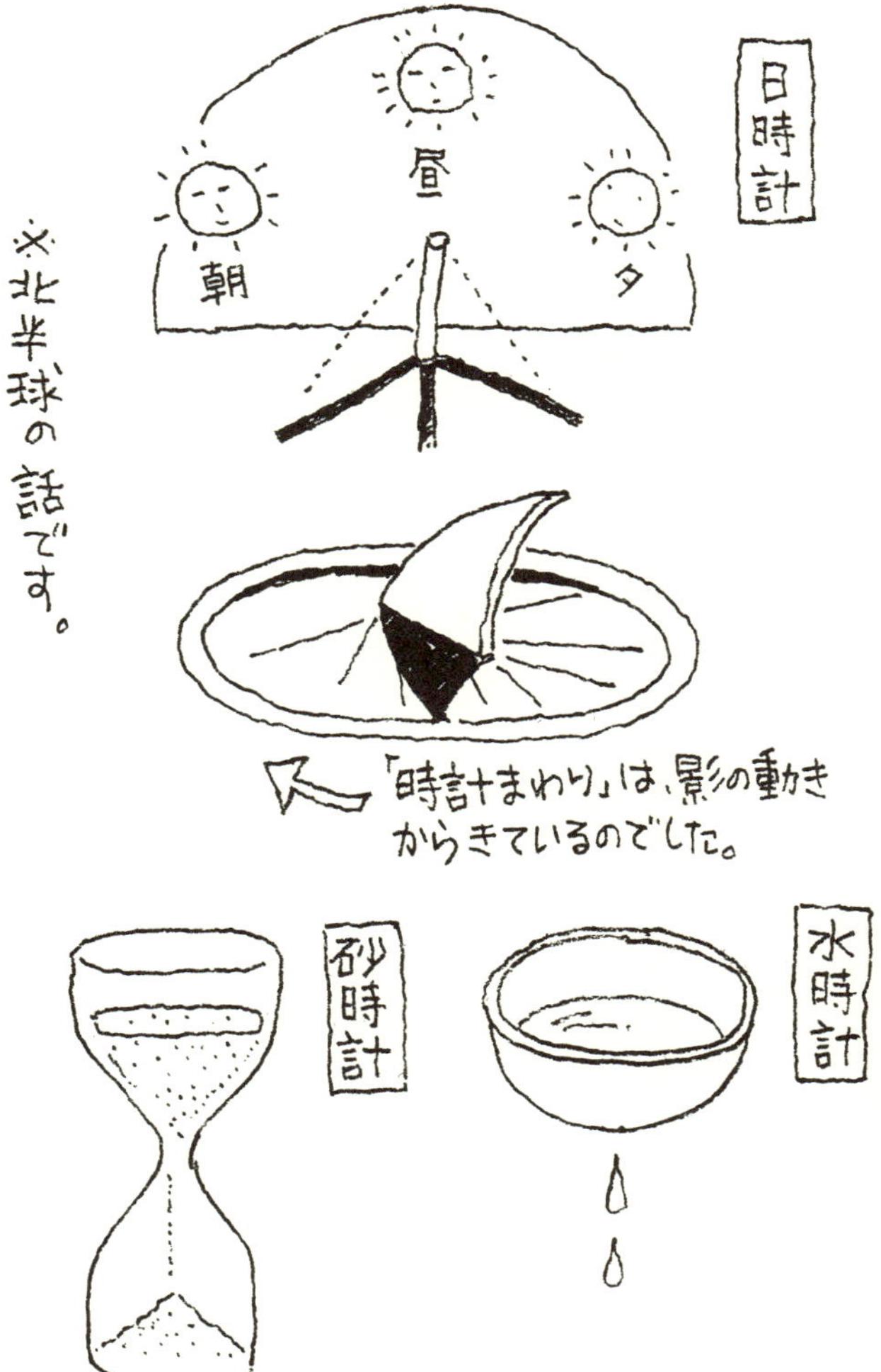
日時計
昼
朝
夕
※北半球の話です。
「時計まわり」は、影の動きからきているのでした。
砂時計
水時計

機械式時計の登場──教会が時を支配する

12世紀になると、機械式時計がつくられるようになりました。これは、イタリアが最初ではないかと考えられています。

最初の機械式時計は、塔時計という教会の塔のようなものです。なぜ塔かというと、当時の時計の動力はおもりだったからです。おもりをワイヤーウィンチで巻いて引き上げ、それが落ちていくまでの間、時間を計測します。ここでは、おもりが一気にビューンと下がってしまわないよう、ゆっくりとおもりが落ちていくように速度調節ができる脱進機、バージエスケープメント（冠歯車脱進機）というメカニズムが使われています。このとき、単にゆっくりおもりを降ろしていくのであれば、ロープをブレーキパッドで少し挟んで摩擦をかけ、ブレーキをきかせながらゆっくり連続的に落としていけばよいわけです。坂道を自転車で下るときに、ブレーキをかけながら進むようなイメージですね。ところがバージエスケープメントのメカニズムはそうではなく、落ちる↓止まる↓落ちる↓止まる、というように、断続的な動きをつくるようにしています。この機構によって、ある一定の時間間隔で歯車が動きます。この機構を備えた塔は、高くしておけばおくほど、時計は長時間、連続的に動くので、巻き上げる回数が少なくすむというわけです。

これは冬にも凍らないし、長い時間動かし続けることができたので、非常に便利です。そこで、塔時計は、まずは教会につくられました。先ほど、政治を行う王が暦を理解していることが重要だと書きましたが、要するにそれは、時を司ることは「すべてを支配すること」だったからです。ですから塔時計も、当時のヨーロッパの街の中心であり、すべての権威であったキリスト教の教会につくられました。教会が時を計って鐘を鳴らし、町の人々は皆、それに従って動いていたわけです。ちなみに、鐘のことをラテン語でクロッカといいますが、それがクロック（時計）の語源になっています。

最大の権威であるとなると、当然、一番腕のよい職人をつれてきて、よい時計をつくろうということになります。そのため、機械式時計の技術はいろいろと進化していきました。16世紀初頭にはドイツでぜんまいも発明されます。

ちなみに、当時の塔時計には、針は一つしかありませんでした。つまり、1時間のなかでの大雑把な時間は把握できても、「1分」「1秒」というような細かい時間の認識はまだされていなかったわけです。それに、江戸時代の大名時計もそうですが、バージエスケープメントというメカニズムをもつ時計の精度は低く、1日で1時間も誤差が生じました。当時の生活においては、それでもたいして困ることはなかったわけですね。

アジアにおける暦と時計

ここで一度、時代をさかのぼり、西洋以外の地域の様子をみておきましょう。

西洋以外でも同じような時期、あるいはそれ以前から時計が登場したと考えられています。なかでも中国にはかなり優れた水時計があり、天体観測を行っていたという記録が残っています。水時計はインドにもありました。そもそも四大文明には必ず時計は存在していたと考えられ、ある意味で、文明＝時計ということもできるのです。

日本ではどうだったかというと、日本で最初の時計は7世紀後半の天智天皇の時代に中国からもたらされました。『日本書紀』にこの当時のことは記されています。ちなみに6月10日が「時の記念日」とされているのは、このときの水時計が初めて動いた日が、現在の暦に直すと6月10日にあたる日だからです。

この当時の日本の文化は、時計に限らず、中国文化の影響を非常に大きく受けていました。日本人が時計というものを知るまでは、1日を細かく区切っていく感覚はあまりなく、「夜が明けたから朝だな」「太陽が南中しているから昼だな」「日が落ちてきて薄暗くなってきたな。もう夕方だな」という程度の感覚だったと推測されます。

そこから江戸時代にいたるまで、日本ではずっと中国の「宣明暦《せんみょうれき》」という暦が使われ続けます。少し話が飛びますが、たとえば、冲方丁《うぶかたとう》の書いた『天地明察《てんちめいさつ》』という時代小説があります。映画化もされたので、内容をご存知の方も多いかもしれません。これは江戸時代前期の天文学者を主人公としたもので、そこにはやはり宣明暦が出てきます。しかし、あるアルゴリズムに従ってつくられたこの暦も、無限に正確だというわけではありません。微細な誤差であっても、800年も使われていればどんどん大きくなり、江戸時代には2日分も誤差が生じていたといいます。そこで江戸幕府が立ち上げたのが、日本独自の暦「大和暦《やまとれき》」をつくるという一大プロジェクトでした。『天地明察』はそのプロジェクトに取り組んだ人物を描いた小説です。いくら歴史のある暦を守りたいと考える人がいても、自然現象は冷徹で、人間の都合など関係なく、ずれるものはずれます。

人間の使う道具（暦）は、それに合わせて変えていかなくてはならないのです。

暦がずれるのは地球の自転が遅くなっているから

西洋でも1582年に、紀元前45年から使われてきた「ユリウス暦」を改訂し「グレゴリオ暦」を制定しますが、1600年以上使ってきた暦を変えた理由は、やはり、ずれが大きくなってきたからです。暦をつくった時点ではそれでよいと思っても、微細なずれが数百年経つうちに大きなずれとなり、現実の社会と合わずに使いにくいものになってしまうのです。

もう一つ、暦がずれていく大きな理由があります。それは、地球の自転速度がどんどん遅くなっている、ということです。地球が誕生した頃は地球はもっと速く回っており、自転周期はわずか5時間程度だったと考えられています。そして恐竜がいたような中生代でも、1日は現在より短く、22時間程度だったそうです。自転の速度は、地球の潮汐、つまり月の引力の影響による潮の満ち引きで摩擦が生じ、ブレーキがゆっくりかかっているような状況になっているから、少しずつ遅くなっていくことになります。

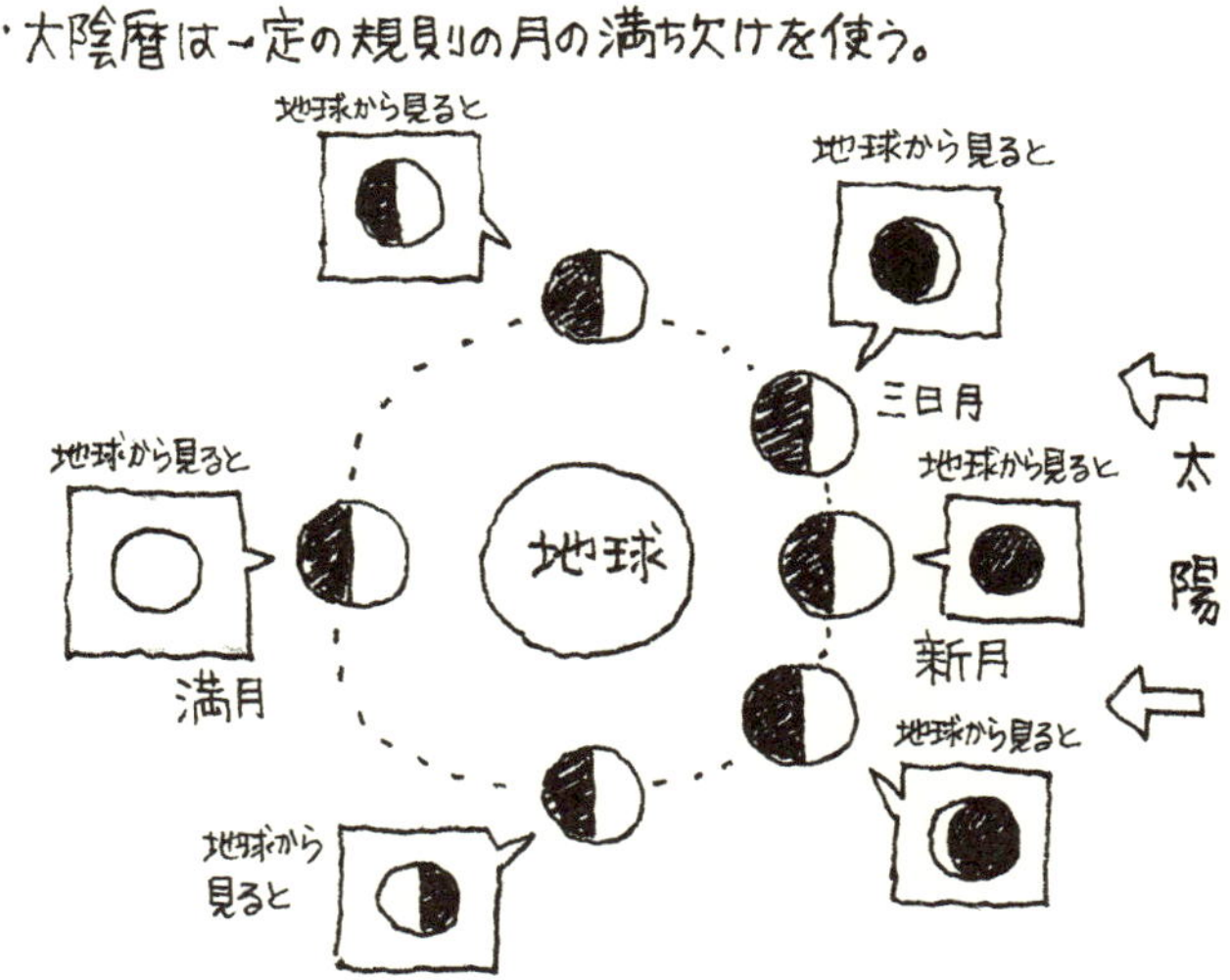

そして、遅くなっていると断言できるのは、やはり精度の高い時計、すなわち原子時計があるおかげです。原子時計が示す時間と天文学の示す時間との間にはずれがあること、時々「うるう秒」を人為的に入れて暦を調整していることから、それがわかるわけです。うるう秒とは、暦と基準の時間（国際原子時）が1秒以上ずれたときに、人為的に1秒加えて調整するものです。

原子時というのは非常に高い精度で一定ですが、地球はそれとは関係なく回っています。そして、先ほどの潮汐の影響で、速度が遅くなったり、少し持ち直したりと、安定せずにフラフラとしています。現在、50年で35〜36秒のずれが生じていますが、将来的にはもっと自転速度が遅くなり、ずれも大きくなる可能性があります。そうなると、これまで歴史上に何度かあったように、また暦が変更される時代がくるかもしれません。

先に出てきた、天文学の示す時間を決めるために、地球の自転の観測事業（国際地球回転・基準系事業）を行っている国際組織も存在し（ＩＥＲＳ：International Earth Rotation and Reference Systems Service）、そのＩＥＲＳと国際度量衡委員会が連携して時間の「時系」というものが決められています（協定世界時）。

ガリレオの大発見から「1分」が生まれた

話を戻し、時計の歴史を続けましょう。

１５８３年、ガリレオ・ガリレイが「振り子の等時性」という法則を発見します。「振り子は、（振り幅がある程度以上にならなければ）その往復にかかる時間は一定である」ということが、ここで初めてわかったわけです。ガリレオは、実験的科学の創始者

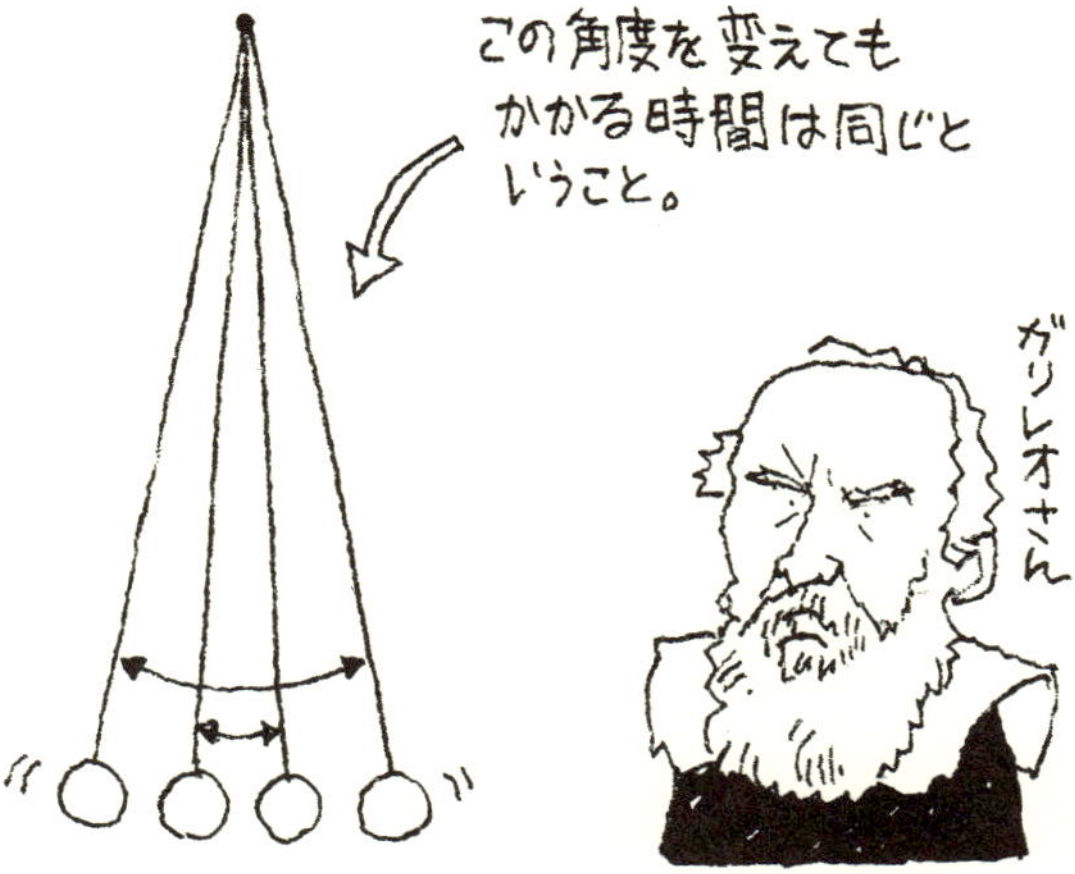
この角度を変えても
かかる時間は同じと
いうこと。
ガリレオさん

であると同時に医学生でもあり、脈を測るということに興味があったようです。それで、自分の脈拍と、ぶら下がっているランプが揺れているのを比較してみた。人間の脈は安静時にはだいたい一定なので、これを時計がわりに、振り子がどのように動くかを測ったのですね。そして、振り子の振れ幅が大きくても小さくても、かかる時間はほとんど同じである、ということに気づきました。この法則の発見が、時計の進歩の大きなエポックになります（実際に振り子時計を製作したのは、オランダのホイヘンスと言われています）。

振り子時計ができて時計の精度は格段に

上がり、誤差は1日10分程度にまで縮まりました。この精度の高い時計の誕生が、ケプラーの天文運行法則「ケプラーの法則」の発見や、ニュートン力学にもつながっていったと想像できます。つまり、時計の精度が上がったことで、いろいろな分野の測定の精度が上がり、科学が一気に進化したといえるのです。この点において、ガリレオの功績は非常に大きいものでした。

その頃から、時計の針が二つになりました。一つめの針は、日時計における影の動きに相当します。北半球で時計の針が右回りなのは、日時計の影の動きに由来しているからです（日時計の影は、北半球では右回り、南半球では左回りに動きます）。

二つめの針は、分針です。時計の精度の向上に伴い、1時間を60に割った「分（minute：ミニット）」という単位ができました。ようやく、1分間、分という概念ができたわけです。ミニットは「小さい」という意味です。

さらに時計の精度が上がると、1分という時間も、もっと細かく分けたくなってきますね。それが「秒」です。もとは「second minute：セカンド・ミニット」つまり「第2の分」と呼ばれていましたが、そこから「ミニット」が脱け落ちて、ただの「セカンド」＝秒になりました。

振り子時計と科学の進化の関係

振り子時計ができて時計の精度が上がると、どうして天文学や物理学も進展するのでしょうか。

当時、デンマークのティコ・ブラーエが天文台をヴェン島につくり、天体観測の膨大なデータをとっていましたが、当時の天文学の基本は、何時何分にどの星がどの位置にあったかを記録することだったと思います。地上の時計の何時間で、その星が何度動いたか、ということですね。当時の中国の天文台にも水時計があったことを考えても、やはり地上の時計を用いて空のパターンを記録していたことは確かでしょう。観測の基準となる時計が正確であればあるほど、天体観測の結果も正確なものとなるわけです。

そして、天文物理学者の先駆者であるドイツのケプラーは、ティコ・ブラーエの天文台から観測データを受け取っていました。振り子時計に基づいた正確な観測結果があったからこそ、ケプラーは惑星の運行に関する重要な三つの法則を発見できた、ということができます。ちなみにケプラーは1609年から19年にかけて、「第1法則（楕円《だえん》軌道の法則）」「第2法則（面積速度一定の法則）」「第3法則（調和の法則）」の三つの法則を発見、発表し、これによってコペルニクスの唱えた地動説の信憑性《しんぴょうせい》が増したともいわれています。

この発見は、さらにニュートン力学につながっていきます。ニュートンは、ティコ・ブラーエによる地道なデータ、ケプラーの発見した法則性等を統合して、万有引力の法則をはじめとする運動法則の体系をつくりあげ、古典物理学を完成させたのです。

力学というのは、いろいろなものがどのような動きをするかという運動法則のことなので、運動のスピードも非常に重要な要素になります。つまり、やはり時間を計るということが必ず関係してくるということであり、正確な時間をもとにした精密なデータがなければ導き出すことはできない、ということになります。時計の進化と科学の進化は、当然のごとくつながっていました。

1時間や1分を60で割るのは、六十進法を用いていたバビロニアの影響だといわれています。

現代では長さにしてもお金の計算にしても十進法がベースで、感覚的にもそれが最もわかりやすい数え方だと思いますが、わかりやすいと思えるのは、現代では桁で数字を表現することができているからです。そのような数字の表記法がなかった時代、たとえばローマ時代のローマ数字の表記を見てください。

Ⅰ、Ⅱ、Ⅲ、Ⅳ、Ⅴ、Ⅵ、Ⅶ、Ⅷ、Ⅸ、Ⅹ、Ⅺ、Ⅻ……

これは、わかりやすいとはいえませんね。そのような時代は、たとえば穀物などを買ったりするときでも、それを分ける、割る、という考え方の方がわかりやすいところがあります。目の前にあるものを見て「半分ください」「3分の1ください」など、適当にわかりやすい数字で割るという考え方。そのとき、多くの数字の倍数にあたり、いろいろな数で割りやすい「60」という数字は、非常に使い勝手のよいものだったでしょう。

現在でも、アメリカでは「インチ」「マイル」を単位に、「2分の1インチ」とか「1と4分の1マイル」などという表現が日常的に聞かれますが、西洋の文化は量を表現するときに、割っていく方が考えやすい文化なのではないかと思います。

いずれにしても、60で割るというのは伝統的な考え方に基づいており、ある種の合理性もあったといえるでしょう。

ところで、十進法である「メートル法」発祥の国フランスには、非常にわかりにくい二十進法がいまだに残っています。これは、何でも十進法で計算するメートル法の精神から考えると、よくないわけです。実はフランスでは、フランス革命後の1793年に「フランス革命暦（共和暦）」という新たな時間の基準をつくり、なんと、十進法時間にトライしました。1週間を10日とし、1日を10時間にし、1時間を100分にし、1分を100秒にした独自の暦法を施行したのです。

しかし、この制度は長続きすることなく挫折《ざせつ》しました。とにかく、それまでの習慣とかけ離れた感覚の暦は、人々に混乱をもたらしただけでした。メートル法等は他国にも採用されましたが、この暦法に追随した国はほかにありませんでした。時間に関してだけは十進法によって合理化されることなく、古代のバビロニアの人々が考えたものが残り続けたのですね。人々は感覚的に身についた基準を変えることができなかったわけで

す。

その理由としては、1秒が鼓動の拍に近いということもあるかもしれません。実際は1秒という長さと人間の脈拍の間には何の関係もないのですが、そして人間は時間に関する感覚器自体をもっていないのですが、どういうわけか時間の場合は、単位を変更されると全くわからなくなってしまうのです。長さや温度の単位であれば換算すれば理解できるのに、時間についてはその感覚が染み付いていて変えられない。この点も、時間というものの面白さだという気がします。

天文学者が求めた正確な「1秒」

話を戻しましょう。

時計の精度が高まるにつれ、より細かく時を分けるようになり、「1秒」という単位の表示をする時計の登場とともに、人々の間にも「1秒」という概念が定着していきました。

最初に「秒」という細分化した時間を求めたのは、私は、天文学者ではないかと思っています。天文学者、つまり王様付きの暦をつくる役職の人たちは、一定の時間に星が何度動いたかということが気になるでしょう。天文学者とは「天にある時計を計る人」ですから、天にある非常に正しく動く時計（太陽や月）と地上で作った時計を比較し、つきあわせながら観測していたと想像できます。そのとき、地上にある時計が正しいものでないと話にならないわけです。

王は神の使いであるわけですから、暦をつくり、日食や月食を予言することは、国を治めるにあたって最も重要な仕事でした。そういったことが予言でき、人民に「心配無用である。落ち着きなさい」ということができないといけない。古代中国では、そのような予言を外した天文学者は死刑になるなど、大変な目に遭っています。そのことからも、治世において暦がどれだけ重視されていたかわかると思います。

大航海時代の大テーマは「経度の計測」

もう一つ、宗教的・治世的な目的とは別に、16~17世紀のヨーロッパにおいて時計が国家的な事業として大発展したきっかけがあります。これはデーヴィ・ソベル著の『経度への挑戦——一秒にかけた四百年』という本に詳しく書かれています。

当時は大航海時代といわれ、ヨーロッパの船がどんどんアジアやアフリカ、アメリカ等に漕ぎ出していき、象牙《ぞうげ》や織物、香辛料など、さまざまな珍しい品々を持って帰りました。アジアやアフリカなどから持ち帰った品々は、莫大《ばくだい》な富を生みました。

その背景には、造船技術の向上があります。つまり、よい船ができたことで、遠洋まで航海できるようになったわけです。

先陣を切ったのはポルトガルです。まず、バスコ・ダ・ガマがインド航路を見つけてインドに到着しました。そしてインドと貿易し、金銀財宝や胡椒《こしょう》等のスパイス、高価な品々を積んで帰ってきた。そのポルトガル船一隻分の荷物の価値は、当時のイギリスの国庫の半分にも相当したそうで、ポルトガルの船はしばしばイギリスの軍艦に襲われました。イギリス軍は海賊行為をして、財宝を自国に持って帰っていたのですね。当時は海上の船の位置を簡単に知る方法がなかったため、船は安全のためにあまり陸地から離れることができませんでした。そのため狭い海域に商船や捕鯨船がひしめき合うことになり、海賊にとっては好都合な状況だったといえます。

いずれにしても、一度でも航海に成功すると、どんな貧乏人であっても、すぐに貴族になれた。それほど航海は、ハイリスク・ハイリターンなことでした。

ハイリターンはもちろん莫大な富や、それによって得られる地位のことですが、ハイリスクというのは、海賊に襲われる危険性だけではありません。当時、緯度の計測は太陽をもとに容易に割り出せても、経度の計測がとても難しく、自分たちが海上のどこにいるかわからなくなりやすかったのです。となると、船は目的地にいつ到着するかわからず、当然、無駄な遠回りも出てきます。航海が長引けば長引くほど、積んできた飲料や食糧が尽きて船員が餓死したり、ビタミンC不足による壊血病で死亡したりする確率は高まります。普通の航海でも、壊血病で船員の半分ぐらいは死んでいたといいます。船員はほとんど使い捨てのようなものでした。

海賊の襲撃や、航海の長期化を避けるためにも、海上で船の位置を簡単に知る方法が求められました。陸から離れて目的地まで最短距離で行こうとするとき、何にも手がかりがないところでも、船のいる位置＝緯度と経度を知る方法はないものでしょうか。

緯度については、太陽や北極星の高さを見ればわかります。しかし経度については、地球自体が回転しているために手がかりがないのです。「経度を知る」ということは、当時は不可能なことの代名詞といわれ、経度の計測は17世紀の科学の最大のテーマとなっていました。

科学者たちが経度の計測に挑戦

イギリス議会は１７１４年に「経度法」を発布し、海上での経度を計る実用的な方法を発明した人には、イギリス国王の身代金に相当する額の賞金を出すと宣言しました。

ニュートン、ハレー（ハレー彗星《すいせい》のハレーです）に代表される一流の科学者たちはもちろん、職人や、その他の怪しい人々まで、さまざまな提案を行いました。

天文学者たちの提案は、星を観測して計算するという、ある意味でオーソドックスなものでした。こう書くといかにも簡単そうですが、その方法には大きな欠点がありました。振り子が時を刻む時計では、揺れる船上ではそもそも精密に観測ができません。振り子がどこかにガツンガツンぶつかることもあるでしょうし、止まってしまうこともあるでしょう。計算するにしても、そんな複雑な計算は手計算ではとても時間がかかります。この方法は船の乗組員にとって、全く現実的ではありませんでした。

ほかにもさまざまな説や案が出されました。たとえば、時間がわかれば経度がわかる、という説。これはたとえば、ロンドンならロンドンで正午（ロンドンで太陽が真上にあるとき）に「12時」と時計を合わせ、西に向かって出航します。何日かの航海のあと、太陽が真上にあるとき時計は「1時」を指しているとします。そうすると、そのとき船の位置は西経15度にあるとわかるわけです。地球儀にも表示されているように、経度が15度違うと、時差が1時間になるからです。これは太陽を時計として使い、現地時刻を知る方法です。

この方法は原理的に正しく、後にこの理論を実践した計測法が現実のものになるのですが、持ち運びができ、揺れる船上でも正確に時を刻む時計がなかった当時は、単なる夢物語にすぎませんでした。

珍説もいろいろありました。たとえば、音による時刻の通信はどうか、というもの。イギリスから大西洋に向かって1kmおきに船を停泊させ、ロンドンが正午になったらドーンと花火を鳴らす。花火の音が聞こえたら、最初の船がまた花火を鳴らし、それが聞こえたら次の船が花火を……というように、次々と船が花火を鳴らしていく。それで、その付近の海上ではドーンと聞こえたら正午だということがわかる、という方法です。これは残念ながら、大西洋が予想より深くて碇《いかり》を下ろせず船が停泊できなかったこと、それから、花火を鳴らすために船上に留まる仕事は灯台守どころの過酷さではないということで、却下されました。

ほかにも、南仏で発見された〝魔法の粉〟を使用する方法など、錬金術のような怪しい説もまことしやかに提案されました。

ジョン・ハリソンの世紀の大発明――ポータブルな海上時計

錬金術もよいですが、現実的には、揺れる船上でも止まらない時計をつくることが、当時の至上命題といえました。

それを実現したのは、ジョン・ハリソンというイギリスの元家具職人です。18世紀にハリソンが発明した画期的な時計によって、船上での経度測定が世界で初めて成功します。これにより、時計を利用して経度を知る方法が現実のものとなったのです。

そのハリソンは、時計づくりにとりつかれていた、といってもよい人物でした。そして、もと家具職人だけあって、どういう木が湿度によって伸び縮みしやすいか、どの木とどの木を組み合わせると伸び縮みを相殺できるかなど、木の性質に通じていました。その技術が時計の精度を上げることに役立ち、きわめて精度の高い時計を発明するにいたったのです。

ハリソンは、1728年から5年をかけて製作した「H1」に始まり、1760年に完成させた「H4」にいたるまで、約40年にわたって4世代の時計を製作しました。

最終的には携帯できるまで小型化が進み、「H4」では懐中時計のような形になりま

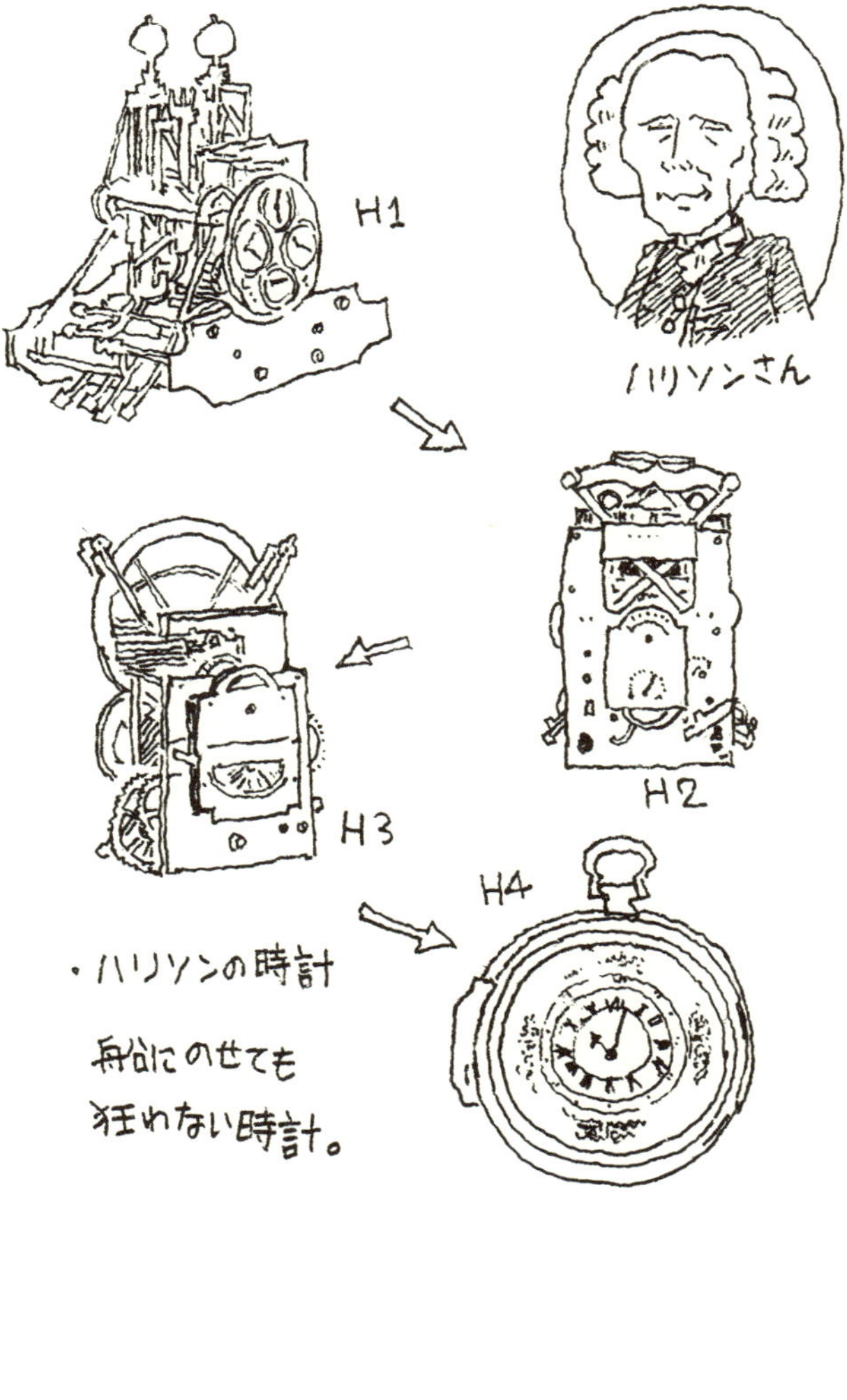

H1
ハリソンさん
H2
H3
H4
・ハリソンの時計
船にのせても
狂わない時計。

すが、最初の「H1」は帆船を思わせる不思議な形をしていました。H1は振り子ではなく、バネを用いることでおもりが振動するメカニズムを採用したもので、バネゆえに、船の揺れとは関係なく時を刻むことができました。バネを用いるという発想は、必ずしもハリソンが最初ではなかったかもしれませんが、据え付け型ではなく携帯型の時計に用いたのはハリソンが世界で初めてです。

こうして船に積んでも狂わないマリンクロノメーター（海上時計）が完成し、キャプテンクックの航海で、実際の海上でも精度が保たれることが実証できました。

そしてこれにより、イギリスの船は座礁せずに航海できるようになったわけです。イギリスが七つの海を支配することができた背景には、おそらく、マリンクロノメーターの存在もあったにちがいありません。当時はまだ電気はないので、これらは全てぜんまい時計です。この画期的な技術は、すぐにフランスやドイツにも渡りました。

ちなみに、ハリソンのマリンクロノメーターと航海については、２０００年にイギリスで〝Longitude〟というテレビ映画になりました。

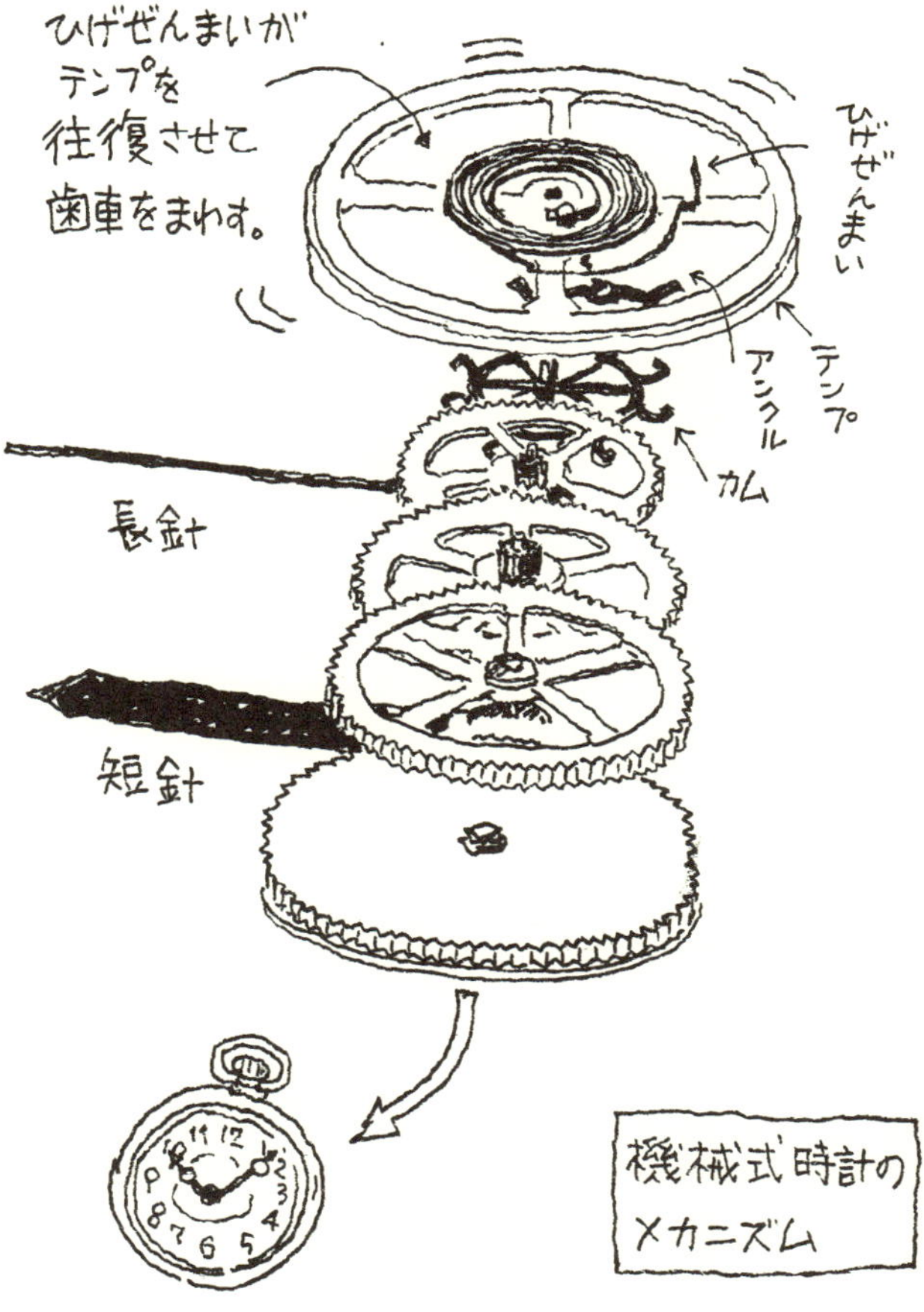
ひげぜんまいがテンプを往復させて歯車をまわす。
ひげぜんまい
テンプ
アンクル
カム
長針
短針
機械式時計のメカニズム

機械式時計のメカニズム

ここで一度、簡単に機械式時計のメカニズムを紹介しておきましょう。

機械式時計は、まずは塔時計からスタートします。これは先にも触れましたが、おもりが一定の速度で落ちていく力を利用したもので、そこに区切りをつけて1秒なり1分なりの時間としました。重力を利用するメリットは、力が一定だということです。重さが一定ならそこにかかる重力が一定なので、脱進機を引っ張る力も一定です。一定の力で引っ張ることで脱進機が一定の時間間隔で動いて、時計の針も一定の速度で動き、それによってその時計は正確に時を刻むことができる、ということになります。

ここでのポイントは、一定の力を出す必要があるということです。S字形のぜんまいを巻いてエネルギーをため、それが一定の力でほどけることで正確さが保たれます。落ちるだけの重力の代わりにバネの力、つまり弾性力を使うという工夫がなされたわけです。一般にぜんまいというのは、キリキリ巻いて、最大まで巻いたときが最も力が強く、ほどけていくとともにだんだん力が弱くなっていくものですが、その力を一定にする、すなわち一定に時を刻むための工夫がこのS字形なのです。このぜんまいを時計に用いることで、時計が小型になり、携帯できるまでになりました。

進化する振り子時計

ハリソンがポータブルな時計を進化させた一方、天文学サイドでも着実に時計を進化させる研究は続けられていました。天文台は船のように揺れもしなければ、時計の持ち運びも不要なので、振り子時計で問題はありません。

振り子時計というものは、振り子の長さで振れる周期、時間が決まります。しかし、ヨーロッパでは振り子の素材が金属だったので、温度変化で微妙に伸び縮みし、時間が狂ってしまいます。鉄道のレールと同じで、暑くなると伸び、寒くなると縮むわけですね。

さて、その誤差をどう打ち消すか。ここが学者や技師たちの腕の見せ所です。

ジョージ・グラハムというイギリスの発明家は、水銀振り子というものを考案しました。これは、振り子の棒の先のおもりが水銀柱のようになっているものです。水銀柱とは要するに、水銀の温度計です。温度計は温度が上がると伸び、温度が下がると縮みます。水銀の動きの方が振り子の棒より大きく動くため、棒が伸びたとしても、全体でみれば重心が変わらないので、誤差も少ないという仕組みです。

マリンクロノメーターをつくったジョン・ハリソンが発明したのは、すのこ振り子でした。これは熱膨張率の違う素材をうまく組み合わせることで、それぞれの素材の膨張・収縮が打ち消しあって、温度が変わっても全体ではおもりの位置が変わらない、という仕組みです。これらの例のように、うまい組み合わせで変化を打ち消すというのも、とても重要な考え方です。

日本の振り子時計は、振り子の棒に熱膨張の少ない竹を使っていることが多いので、伸び縮みの問題はあまり起こりません。しかし金属を用いていたヨーロッパでは、それが正確さを阻む要因となったため、伸び縮みを打ち消す工夫が重ねられていきました。

最後にたどりついた究極的な成果が、1897年、フランスの物理学者シャルル・エドゥアール・ギヨームによるインバー合金特性の発見でした。インバーとは、鉄、ニッケル、マンガン等の含まれた合金ですが、ギヨームは、この金属の常温付近での熱膨張率は鉄やニッケルの10分の1ほどしかない、ということを見出したのです。ギヨームは

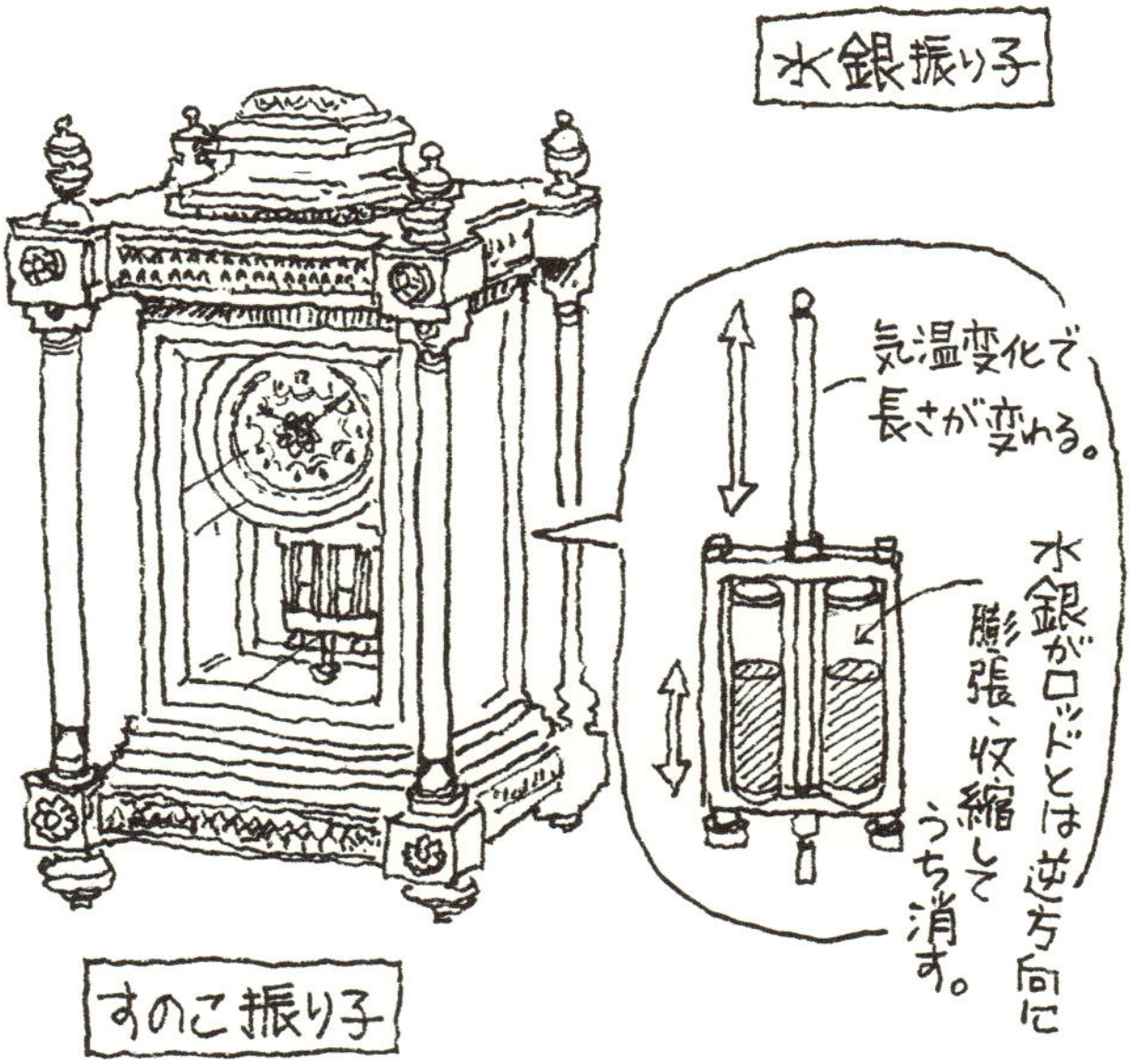
水銀振り子
気温変化で長さが変わる。
水銀がロッドとは逆方向に膨張、収縮してうち消す。

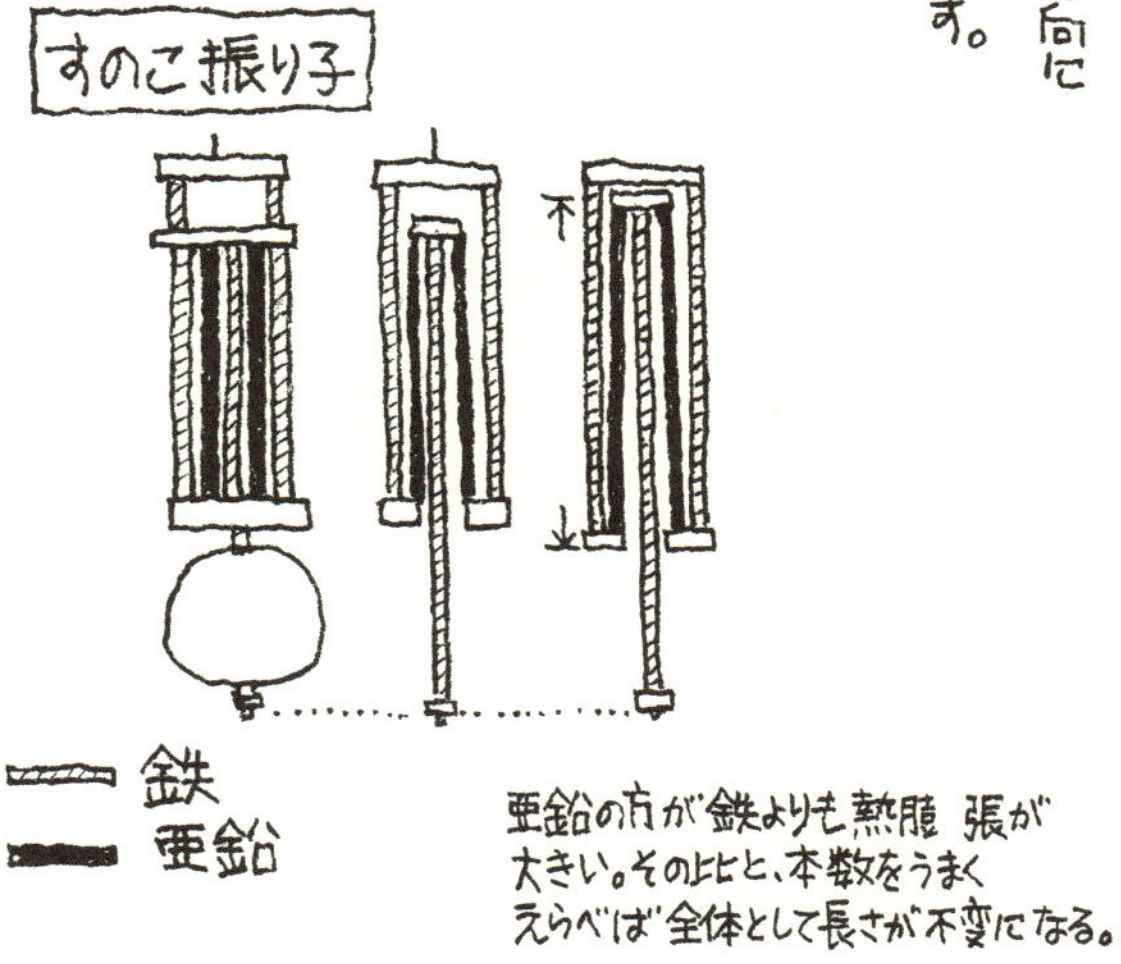
すのこ振り子
鉄
亜鉛
亜鉛の方が鉄よりも熱膨張が大きい。その比と、本数をうまくえらべば全体として長さが不変になる。

この発見で1920年のノーベル物理学賞を受賞しています。そして、このインバー合金は、現在も工業分野で非常によく使われています。

このように振り子時計も着実に進化していき、20世紀初めに鉄道技師のウィリアム・ショートが、究極の振り子時計とでもいうべき「ショート時計」を発明しました。これは、伸び縮みの少ないインバー製の振り子を空気抵抗のない真空容器の中に入れたもので、温度が変わっても気圧が変わっても、一度振り子を動かすと8時間くらい動き続けるものです。狂いが生じるのは1年にわずか1秒程度という、とても高い精度を誇っていました。

このあと、20世紀にはクォーツ時計が発明され、さらに時計は進化していきます。

3　クォーツ時計で機械と電気が融合した

クォーツ時計の仕組み

クォーツ時計からはこれまでの時計と質的にがらっと変わり、機械（メカニクス）ではなく、電気と機械が融合したエレクトロメカニクスという分野に入っていきます。

ここにはキュリー夫人の夫のピエール・キュリーと、その兄のジャック・キュリーが1880年に発見した「圧電効果」という現象が用いられています。圧電効果というのは、ある結晶に力をかけると両端に電圧が発生するという効果で、現在ではさまざまな電子デバイス等に用いられるものです。

圧電効果の例では、ガスコンロが最もわかりやすいでしょう。つまみをバチンと回すと火花が出ますが、あれはつまみを回してバネでエネルギーをため、バチンとハンマーでたたいているわけです。そこに高電圧が発生してスパークする。電子ライターの仕組みも同じで、これらは圧電効果そのものです。

もう一つ「逆圧電効果」というのもあり、クォーツ時計ではこちらの効果を使っています。これは電圧をかけると圧電体（ここでは水晶）自体が縮んだり伸びたりと変形するという効果で、ここで振り子の振動（往復運動）や、後で説明する原子時計と話がつながってきます。

ブランコを思い浮かべてください。ブランコが前後に振れています。ちょうどよいタイミングで後ろから押してやると振動が持続しますが、振動の周期や押すタイミングが変わると、次第に減衰していきます。振れさせ続けるには、やはりちょうどよいタイミングで押すことが大切です。それと同じことをこの圧電結晶に対してもするということです。

圧電結晶には固有の振動数というものがあり、コンとたたくと一定の振動でブーンと音を出したり振動したりします。ブランコをタイミングよく押すように、その振動に合わせて、ちょうどよいタイミングで電圧をポーンとかけると、振動と力が共鳴してエネルギーをためやすいかたちで振動を持続できる。タイミングを合わせることにより、振動エネルギーは失われることなく、というよりむしろ押したエネルギーが結晶に乗り移って持続する、ということが起こるわけです。

クォーツ時計のメカニズムに即して説明すると、電圧をタイミングよくポンポンとかけるメカニズムを電子回路でつくり、それによってブランコに相当する結晶に圧をかけると、結晶は振動しつつ電圧も発生させ、その二つが共鳴する、ということです。それによって一定の周期で水晶が振動すれば、その振動に基づいて、時間を刻むことができるのです。

共鳴を利用した音叉時計

実は、ここに出てくる共鳴というメカニズムが、これ以降の時計の技術に非常に大切になります。最先端の原子時計も、まさにこの仕組みを使っています。

小型のクォーツ時計が登場する少し前には、アメリカのブローバという会社が「音叉《おんさ》時計」というものをつくっていました。内部に入っている小さい音叉はピアノの調律で使う音叉と同じように一定のトーン（音の高さ）で振動します。その振動と同期する周期タイミングで力を入れると、音叉が共鳴して振動し、針が動くという仕組みです。その力は、音叉に巻いてある電磁石の力を用います。要するに時計のメカニズムは、音叉時計もクォーツ時計も原子時計も同じようなもので、ある物体の振動と共鳴させ、一定の速度で動かし続けるという原理は共通しているのです。

振り子に象徴される「共鳴」「共振」は、時計にとって普遍的で重要なキーワードです。

宇宙でも時を計るクォーツ

クォーツ時計の誕生は1928年ですが、現在も一般的に流通しており、現在の精度は1年で数秒から数分の誤差が生じる程度。日常的に使うには十分な精度です。

元々クォーツ時計は天文台で使われていましたが、小型化に成功させ、世界で初めて腕時計として製品化したのが日本の時計メーカー、セイコーでした。少々のことでは狂わず、毎日ぜんまいを巻く必要のない、手軽で便利で高機能な時計は世界中で爆発的に受け入れられ、これによってスイスの時計産業は瀕死《ひんし》のダメージを受けることになります（その後、スイスの時計メーカーは高級ブランド化を推し進め、みごとな復活を果たすのは皆さんご存知の通りです）。

しかし、高精度で、広く普及した時計であるにもかかわらず、クォーツ時計が1秒の定義として採用されることはありませんでした。時間の基準として認められなかった理由は、水晶自体は自然界の鉱物であっても、カットをして用いる「人工的なもの」だったためです。結晶ごとに、あるいはカットの仕方によって振動数が変わったり、経年変化もあったりなど、その振動が絶対的な基準たり得ない理由がいくつもありました。

水晶の物性の研究は歴史が深く、今も続いているのですが、特に航空宇宙分野で用いられることが多いために、放射線があたると周波数が変わる、ひっくり返すと重力の効果でまた変わるなど、その性質は徹底的に調べられています。クォーツ時計をロケット等に積んで宇宙に出て行ったら、その後は欠陥が見つかっても修正のしようがないので、地球上で全部欠点を洗い出しておかなければならない、ということです。

さて、その次に出てくるのが、いよいよ原子時計です。これはイギリスで発達した軍事用レーダーの技術が発達し、それが戦後に時計に転用されて開発が進められたものです。原子時計については、第2章で詳しく説明したいと思います。

4 「計る基準」を定義する

基準は「変わらないもの」でなければならない

インバーのように熱膨張率が低い素材の研究開発が進められてきた目的の一つに、時間や長さの計測の精度を上げるため、ということがあったことは間違いありません。より正確に1秒を計れる振り子時計をつくるため、同時に、長さの基準である「メートル原器」をつくるために、変化の少ない素材が必要だったわけです。

何かを測るためには変わらない基準が必要であり、変わらない基準のためには変わらない素材が必要です。変わるものを用いたら、基準も変わってしまいますからね。

そして、インバーを用いたショート時計によって時間計測の精度が上がった結果、思いがけない発見がなされました。これまで人類が不変だと思っていた地球の自転の速度が、季節によって変化する、ということがわかったのです。地球の自転の速度は、長い間、時間の基準になってきましたが、人間がつくった「変わらないもの」によって、実は意外とフラフラしている「変わるもの」だったとわかってしまった。これは天文学者にとって、とても衝撃的な事件だったはずです。

それにしても、ショート時計が「変わらないもの」だと、どうしていえるのでしょうか。

もちろん、1台だけでは変わるか変わらないかはわかりません。ですから、同じものを2～3台用意し、それらが全て同じだったら変わっていないと判断します。現代の最先端の原子時計も基本的には同じように考えます。最先端のものは他に比べるものがないので、同じくらい努力してつくったものを比較することでしか判断できないわけです。

17世紀にホイヘンスが振り子時計を発明してから現在まで、約400年。この間、人々は1秒の正確さを追求し続けてきました。しかし、「時を計る」という目的でみれば、その歴史はすでに何千年も続いています。時計というのは、道具の中で最も歴史の長いものといえるかもしれません。人類の文明の発祥以来、現在まで、全く同じ目的をもち、しかも今なお進化させたいという欲求があり続ける道具というのは、武器を除いては、時計のほかにないのではないでしょうか。

「自然の法則」と「人工物」の戦い

時を支配するのは、王、そして王付きの天文学者の特権でした。ショート時計の発明で地球の自転速度が変化することが発見されても、時間計測における天文学の優位は変わりませんでした。より精度の高いクォーツ時計の時代になってもそうです。

人間がつくったものが地球の自転よりも正確だからといって、これを基準にすることができなかった理由は、先にも述べましたが「人がつくったもの」だから、というものでした。人工物の場合、一個一個に差があることもあるし、壊れるかもしれません。それに、誰もが平等に手に入れられるものでもありません。そのため人工物は、そのような「標準」「基準」に求められる性質を満たしていないとされました。そのような頼りないものを標準とするのは、考え方としてよろしくない、というわけです。標準である限り、万人に同じように1秒が1秒でなくてはいけませんから。

何かの定義を変えるということは、数値データのような客観的なものを根拠にするだけではだめで、実は、非常に大変なことなのです。原子時計の登場によって、ようやく1967年に、天文学者に代わって物理学者が時間計測を担うようになりました。

もちろん、原子時計——それこそ天文学的に高い精度をもつ時計——が出てきた当初、天文学者たちは、そんなものはだめだと言い続けました。最終的には原子時計が勝つわけですが、そのせめぎ合いは、なかなか激しいものがありました（この辺りについてはトニー・ジョーンズ著『原子時間を計る』という本に詳しく書かれています）。よく、新しい技術が進化すると古いものは置き換えられると簡単に言われることがありますが、世の中は意外と保守的なものです。皆が納得できるものでないといけないこともあり、置き換えるプロセスにおいては、どんなときも大変激しい政治的なせめぎ合いが起こっています。しかし原子時計は、人工物といっても基準は原子という自然界にある普遍的なものなので、人工物反対派の人々も納得せざるを得なかった、というわけです。

もちろん、クォーツ時計の基準も水晶という自然物の振動ですが、それぞれの水晶の質によっても、また、結晶軸に対してどのように切り出すかによっても熱膨張率が変化するため、普遍的な基準として認定されることはありませんでした。標準となるにはやはり、普遍かつ不変という性質が求められるということです。

今も人工物が基準の「キログラム」

余談になりますが、今、「国際キログラム原器」が問題になっています。国際キログラム原器とは、世界中の1kgという質量の基準となっているもので、1kg分の白金・イリジウム合金の塊です。現在、人工物によって定義されている唯一の単位が、kgなのです。もともとkgは水によって定義されていたのですが（最大密度になる液温摂氏４℃のときの、蒸留水１dm^3＝１ℓの質量）、これも条件設定が難しいということで、１８８９年以降、基準はキログラム原器になっています。国際キログラム原器は、世界中でただ一つだけフランスに存在し、その他の国は非常に精度の高い天秤《てんびん》で計量された、その原器のコピーを所有しています。

40個つくられたコピーの一つが「日本国キログラム原器」で、私の所属する産業技術総合研究所がとても厳重な金庫の中に入れて保管・管理しています。実は、私も実物は見たことがありません。この日本国キログラム原器はおよそ30年に１回取り出され、フランスに運ばれて国際キログラム原器と比較されます。他国のキログラム原器も同様に、比較して標準を維持するようになっています。

まるで〝ご本尊〟のような慎重な扱いが必要なのは、やはり人工物だからです。モノである以上、なくなったらおしまい、ということです。

実はキログラム原器は、不変であるべきなのに、保管している間に少しずつ重くなります。何十年もたつうちに、水蒸気や酸化物などの分子が付着するわけですね。だから、

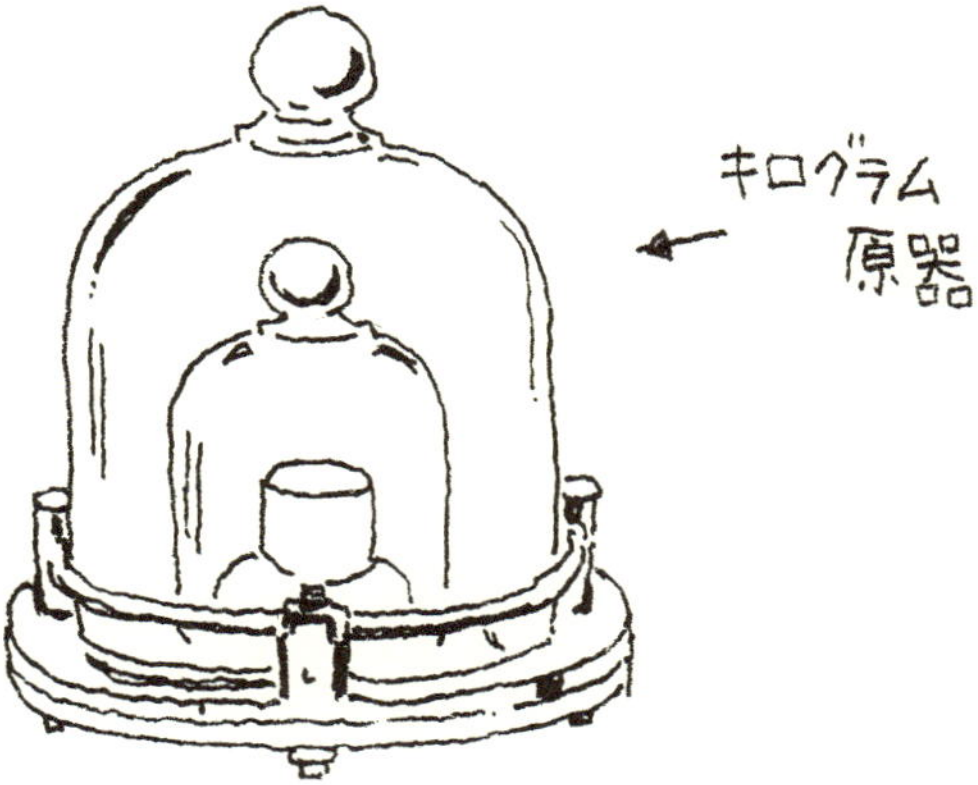

時々それを拭いてやる必要があるのですが、そのことによって、今度は逆に何μg（マイクログラム。1mgが1000μg）か軽くなったりします。2年ほど前には、国際キログラム原器の重さを他の世界の原器と比べたところ、少し軽くなっていたことが判明して話題になりました（逆に世界の原器が重くなったのかもしれません。そのどちらかは分かりません）。しかし、基準は基準であり、原器に減った分の数μgを加えて元に戻すなどということはしません。そのため現在の1kgは、何十年か前に比べて数μg少ないということになります。なんだか変な話ですが。

いずれにしても、そのように変わるものを、質量の単位の定義にしておくわけにはいきません。

そこで現在、キログラムの定義を変えようという国際プロジェクトが進んでいます。次の基準は人工物ではなく、光の速さ、アボガドロ定数、プランク定数のような基礎物理定数を用いたものになります。

標準を定義する仕事は、そのような極限のところを計測しつつ、それを維持し続ける必要もあるものです。そうでないと、皆が使っている測定器がどれだけ正しいかということが保証できなくなるのです。

◆新しい「1kg」の定義案

現在、原子1個の質量を基準とする新しい「1kg」の定義を決めるために、日本、イタリア、アメリカ、ドイツ、オーストラリア、ロシアなどが共同プロジェクトを進めています。これはまず、非常に純度の高いシリコン結晶をつくり、ロシアにある遠心分離器にかけ、シリコンの同位体分離をします。結晶の中に混じ

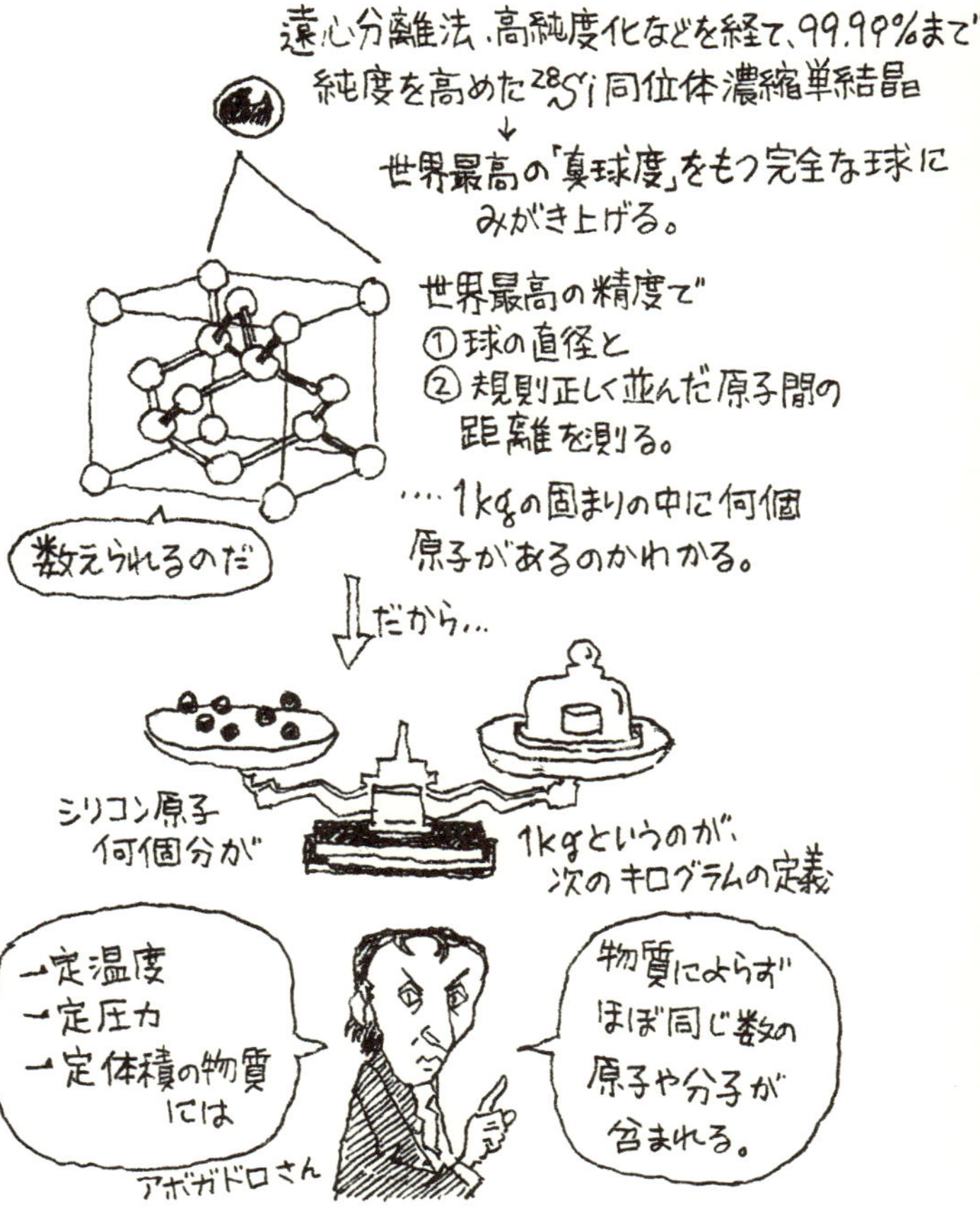
遠心分離法、高純度化などを経て、99.99%まで
純度を高めた28Si同位体濃縮単結晶
世界最高の「真球度」をもつ完全な球に
みがき上げる。
世界最高の精度で
①球の直径と
②規則正しく並んだ原子間の
距離を測る。
……1kgの固まりの中に何個
原子があるのかわかる。
数えられるのだ
だから…
シリコン原子
何個分が
1kgというのが、
次のキログラムの定義
一定温度
一定圧力
一定体積の物質
には
物質によらず
ほぼ同じ数の
原子や分子が
含まれる。
アボガドロさん

った質量の異なるシリコンを分離して取り除き、シリコン28という完璧《かんぺき》な形の結晶をつくるわけです。それを磨いてツルツルピカピカの真ん丸な綺麗《きれい》な球にして、その質量と、X線で原子の間隔を測り、かつ体積も計ります。

それらを全て世界最高の精度で行うと、1kgの塊の中に何個原子があるかということがわかります。原子間の間隔と、体積と、重さがわかるので、計算で導き出せるわけですね。そのようなアボガドロ定数（1モルに含まれる原子の数）を定数にすることが、1kgの定義に関する現在の動きです。つまり、複雑な話を抜いて大雑把に言ってしまうと、シリコン原子何個分という抽象的な物理定数が、次の1kgとして決まりつつある、ということです。

レーザー干渉計によるシリコン球の体積の超精密測定には、産総研のグループが貢献しています。

標準時がないとどうなるか

余談ついでに、基準が不変でないとどうなるかについて、少し考えてみましょう。

たとえば、時間がそれぞれの地域で違うと、どういうことが起こるでしょうか。19世紀初頭、イギリス国内は天文台をもつような都市ごとに、細かい単位で時差が存在していました。狭い国土といえども、経度でいえば約10度ほど東西に広がっています。経度15度で太陽の南中時刻は1時間ずれるので、太陽を基準にした場合、イギリスの東端から西端まで約40分の時差が生じることになります。

その頃イギリスで鉄道が走り始め、人類が初めて高速で移動できるようになりました。たとえば、ロンドンとイギリス西部の都市ブリストルを結ぶグレート・ウェスタン鉄道が開通したのは１８４１年のことです。運転士はロンドンで時計を合わせて出発し、ブリストルに到着、そこで折り返して再びロンドンに向かうことになります。

さて、ブリストルを出発するのが1時だとしましょう。ブリストル駅から乗車する人も、それは知っていました。ところがどういうわけか、そこで乗り遅れが多発したそうです。

それは、ロンドンとブリストルの間に、時差が10分ほどあったからです。運転士の時計は「ロンドン時間」に合わせてあり、ロンドン時間の1時に出発しました。しかし、ブリストル側の基準はブリストルの天文台が定める「ブリストル時間」であり、ロンドン時間より10分ほど遅いものだったのです。そのため、ブリストル時間の1時ギリギリに駅に到着すると、もう鉄道は出た後だったというわけです。このようなことがあったために、ブリストル駅の時計にはロンドン時間の針が追加されていました。

このエピソードからは、19世紀の半ばでも、イギリス国内では時間が標準化されていなかったことがわかります。馬車で移動していた時代であれば、10分程度の時差があってもあまり困ることはなかったでしょう。しかし、技術の発展によって高速移動や電気通信が可能になると、それでは不都合が生じるようになります。そこで標準時というものが設定されるようになりました。つまり標準時は最初から決められていたものではなく、時代の変化によって予想しないことが起こり、困ったり不便を感じたりしたために設定されたものなのです。

グリニッジ標準時?

「標準時」というと、イギリスのグリニッジを思い浮かべる人は多いと思いますが、現在、世界の時間を司っているのはイギリスではありません。フランスのパリ郊外に本部をもつ国際機関「国際度量衡局（ＢＩＰＭ：Bureau International des Poids et Mesures）」の国際度量衡委員会が、あらゆる国際単位について一元的に取り仕切っています。時間については、世界中の原子時計の情報をここで取りまとめて、世界中に発信しています。

しかし、複雑なことに、時間（標準時）と深く関係している地球の経度は、今もグリニッジが０度のままです。その点では、時間は今もグリニッジを基準としている、という言い方もできなくはありません。この辺りの事情は、イギリスとフランスの歴史的な確執の深さゆえ、ということができるでしょう。グリニッジもパリも実際の経度はそれほど変わらないのに、わざわざ１時間の時差をつけていますが、それも、歴史的に世界の中心を競い合っていた両国のプライドの表れだろうと思います。

時間を司ることは、世界を掌握するのにそれだけ重要なことだったのです。

基準の正確さは社会の安定や便利さにつながる

中国で度量衡が整備されたのは、年貢制度と関係があるといわれています。町によって秤《はかり》の大きさが違ったり、担当する役人が量るマスの大きさを勝手に決めたりするようだと、不公平ですね。民衆の間にも不満がたまります。基準が正確であれば不公平はなくなり、管理もしやすくなります。税金・年貢の取り立てや、取引きのためには、田んぼの面積や米を量るマスの大きさの基準がきちんと決まっていること、公正でわかりやすいことが、不満や不信感をなくすためにも非常に重要だったのです。

単位を標準化することは、何かを製造するときにも役に立ちます。たとえば、何かの部品が必要なとき、職人が一つ一つ使う場所の長さなどを測り、そこに合わせて削るなどして手でつくる方法では、コストもかかりますし、大量生産ができません。統一の規格を決めておくことで、同じものを効率よく、大量に、安価につくることができるようになります。

通貨もまた、一つの価値を規格化し、標準化したものということができます。何かの価値を交換しようとするとき、最初は物々交換から始まりますが、文明の発達とともに価値の標準化が行われて通貨という基準がつくられてきました。

ものの計測を標準化するということは、その単位を決めることですが、それは便利さを求めてきた進化の流れということもできます。

通貨の例でいえば、ものの価値を標準化することで、物々交換をしなくても大量にものがやりとりできるようになり、そのための市場というものもできました。ＥＵのユーロなどはさらに大きな枠組みで通貨を標準化したもので、これにより国境を越えるときにレートを変える不便さから解放されました。

現在、スコットランドがイギリスから独立しようとする動きがあるそうですが、独立した場合、イギリスはポンドという通貨をスコットランドに使わせないとしています。もしそうなった場合、経済的に深く結びついている両者に大きな不便が生じるのは明らかでしょう。また、最近何かと話題になっているインターネット上の仮想通貨ビットコインも、価値を共通化・標準化することで適用できる規模を広げ、より便利にしようという考え方は共通しています。

単位の国際標準化はフランスから始まった

フランスでは18世紀末のフランス革命直後に、統一された単位制度である「メートル法」が制定されました。

フランス革命以前のフランスの状況は、町ごとに長さの単位も重さの単位も、何から何まで異なっていたといいます。しかも、重さの単位といっても共通ではなく、豆の重さの単位はこれ、小麦の重さの単位はこれと、それぞれ違っていたそうです。ただ、そうであっても、その町に住んでいる人はその単位で小麦を売る店で小麦を買い、別の単位で豆を売る店で豆を買うだけなので、特に不便はありません。不便を感じるのは、あちこちを移動して商売をする人ですね。A町の単位で布を仕入れて、隣のB町で売ろうと思っても、違う単位が採用されているとなると、非常に面倒です。だから単位の不統一は、別の町の大きな業者が小さな町に参入するときの障壁となり、地域の業者の権益を守るのに役立っていたともいわれています。現在の貿易障壁と同じようなことがあったわけです。

フランスの国内での単位の統一は、フランス革命の崇高な理想を具現化したとか、合理主義を推し進めたという面もありますが、それによってフランス国内で経済のグローバル化が進んだ、という解釈をすることもできるようです。フランス革命が起こった背景は、民衆の王政に対する不満だと一般にはいわれていますが、商人の商売が制限されていて自由度が低かったためにブルジョアの商人の不満がたまっていたからだという説もあります。その説が正しいとすれば、大商人はフランス国内にあるローカル単位という障壁を取り壊すことで、国内津々浦々、どこにいっても自分たちが商売をできるようにしたかったのではないか、と勘繰りたくなります。

そして、メートル法が制定当初から世界共通単位を目指していたことを考えると、現在のアメリカのグローバリズムではありませんが、フランスは世界中の単位を取り仕切ることで国力を世界に示そうとした、と想像することもできそうです。

いずれにしても、このような歴史があるために、国際度量衡委員会の本部は現在もフランスに置かれ、国際キログラム原器もフランスで管理されているというわけです。

プライドのぶつかり合う国際間競争

現在の国際キログラム原器はフランスがもっていますが、次の1kgの基準は理論的な物理定数なので、もうモノとしてのシリコン球をどこかで保管する必要はなくなります。

しかし、メートル法の発祥であり、現在もメートル法のとりまとめをしているフランスは度量衡に関してプライドがあるので、もしかしたらシリコン球の保管も自国ですると主張してもおかしくはありません（あくまで個人的な推測ですが）。

1秒を追求する話にしても、それぞれのお国柄が見えたり、国同士のプライドのぶつかり合いがあったりなど、いろいろと面白いことがあります。

現在の1秒の定義となっている原子時計の研究は、アメリカとフランスがトップを競っていたところに、今世紀に入って日本が突然参入したという状況です。アメリカは時計の技術に関しては世界一です。GPS（Global Positioning System：全地球測位システム）にしてもミサイル誘導技術にしても、時間が正確に計測できていないと成り立たない技術であり、世界最高の時計をつくることはアメリカでは国策として進められています。

フランスはメートル法の発祥の地としてのプライドがあり、他国に負けるわけにいきません。

一方、大航海時代に時計の進化を牽引《けんいん》していたイギリスは、最先端の研究においては、かつての大英帝国の威光に少しだけ陰りが見えるような気がします。イギリスの国立物理学研究所（NPL：National Physical Laboratory）は、1950年代に世界で最初にセシウム原子時計をつくりました。その頃のイギリスは紛れもなく最先端でしたが、その後、80年代のサッチャー首相の民営化政策で、その研究所も民営化されてしまいました。私はそれが影響しているのではないか、と感じています（あくまで私見ですが）。

というのは、基礎的な研究というものは持続する必要があるのに、成果はそう簡単に出るものではなく、続けていくためにお金がかかるのです。そのような研究は、国がきちんとフォローしないと継続が難しい面があります。

私は、やはり国は国として、卓越した技術は持っていないといけないと思っています。歴史的にも、国を弱体化させないためにも必要なことだと思います。

科学と国力

高度な科学・技術を国としてもつ必要があるのはなぜかというと、一つの理由として、安全保障の問題が挙げられます。他国への依存度が低い方が、国として自立性を保てるということです。

日本をはじめ先進国といわれる国では、計測する基準自体を自分の国でつくることができます。当たり前ではないかと思われるかもしれませんが、現実には、それができない国の方が圧倒的多数を占めます。自前で基準をつくれるということは、ある意味で、その国の力を象徴しているともいえますし、工業製品の信頼度にもつながっています。

では、自国で基準をもっていない国はどうしているのでしょう。実は他の国に頼って、基準を貸してもらったり、使わせてもらったりしているのです。両国間の友好関係が続いているうちはよいですが、そうでなくなったら使える基準がなくなる可能性がある、ということになります。

この点では、日本も他人ごとのような顔をしていられません。計測標準は自前でもっていますが、GPSについてはアメリカに依存しているのですから。現在は日米は同盟関係を保っていますが、これが永遠に続く保障はありませんので、もしも、アメリカのGPSを使わせてもらえなくなったら、カーナビ利用者や輸送・運送業界は大混乱に陥るでしょう。国力や経済力との兼ね合いもありますが、やはり、国として自立することは必要です。他の国々も独自のシステム構築を始めています（EUのガリレオ、ロシアのグロナス、中国の北斗《ほくと》）。現在、日本でもGPSを補完する形ではありますが準天頂衛星システム（初号機「みちびき」が有名です）の開発に取り組んでいます。多額の予算はかかりますが、国としての独立性を保つために必要なことといえると思います。

科学技術に注力することで国力を増す政策を最初にわかりやすいかたちで行ったのは、やはりフランスでした。フランス革命のあと、ナポレオンは科学の力でフランスを世界一の国にしようと、エコール・ポリテクニークという学校を創設。そこに国中のエリートを集めてきて、軍事教練も行いながら、一流の学者のもとで科学や技術を学ばせました。これは目覚ましい成果を上げ、ベクレル、ポアンカレ、フレネル、コーシー、カルノーなど、ここからそうそうたる科学者たちが登場しました。この時期のヨーロッパの科学技術や数学、天文学は、イギリスが停滞していたこともあり、フランスによってかなりの進化を果たしたということができます。

もちろん、科学、技術が優れていればすべてOK、それで何も問題がない、というわけではありません。しかし、よい方がよいだろうというのが世界共通の認識です。江戸時代、日本は鎖国をしていたために欧米のような科学技術面では後れをとっていましたが、一方で和算や測量など、高度な技術も存在していました。伊能忠敬《いのうただたか》の作成した正確な地図を見てイギリス人は驚き、日本人の知的レベル、ひいては国力を見直したといわれています。国際社会の中で「一目置かれる」かどうかは、科学技術のレベルによる面もある、といえなくもないのです。

特に日本は資源の乏しい国なので、これからも科学技術立国、文化立国というように、ソフト面を重視して進んでいく以外に道はないのではないでしょうか。過去、「2番じゃだめなんですか」と仰った方がいらっしゃいましたが、科学技術分野は、やはり「1番を目指さなくてはいけない」のです。もちろんそれは無条件のものではなく、資金を投入する以上は国民に十分納得できる説明が必要です。また、この問いは、科学者の独善や傲慢《ごうまん》に対する警鐘の意味もあります。しかし「2番でよい」といったら、2番にもなれない厳しい世界です。1番を目指せばそれなりに上に行けますし、研究者としても、やはりその方がやりがいがあるものです。また、そのような競争があるからこそ進化が速まる面もあります。ただし、度を過ぎた競争も弊害があるでしょう。競争と協調を健全なバランスで保ちながら進めていけることが理想といえると思います。

新たな量の定義をつくる

現在、キログラムの基準が見直されていることを紹介しましたが、再定義が検討されている単位は、他にもいろいろあります。例えば、電流（アンペア）、温度（ケルビン）、物質量（モル）の単位も再定義が予定されています。

「秒」についても、新たな「1秒」を定義するためのプロジェクトが進んでおり、私の研究するイッテルビウム光格子時計は、将来、新しい秒を定義する時計の候補の一つに挙がっています。現在、候補は8種類で、国際度量衡委員会が時間周波数諮問委員会での審議プロセスを経て、約10年後に決定すると考えられています。

ショート時計の発明によって、地球の自転速度も季節によって変化する、ということを認めざるを得なかったように、科学技術の進展によって、これまでの定義を変えないと辻褄《つじつま》が合わなくなってくるような事態が生じることがあります。そのようなとき、量の基準という不変であるはずのものも、新しい基準へと更新されていきます。そして、この新しく統一された基準をつくるときには、国際間の競争だけではなく、協調も必要になってきます。この点も、計測標準というものの非常に重要かつ面白いところではないかと思っています。

第2章

時を計る技術の最前線

——光格子時計ができるまで

1　原子時計の仕組み

新しい秒の定義

量の基準も決して不変ではなく、時代によって新しい基準が求められる、ということがおわかり頂けたと思います。

ここからいよいよ、私の研究している最先端のイッテルビウム光格子時計の話になります。原子時計の一つであるイッテルビウム光格子時計は、２０１２年10月にフランスの国際度量衡局で開催された「メートル条約関連会議」で、新しい秒の定義の候補として採択されました。現在の秒を定義しているのはセシウム原子時計ですが、これに対してイッテルビウム光格子時計は、今後その性能を上回る可能性があると認められた、ということです。

現在、新たな秒の候補に挙がっている時計は8種類で、いずれもすべて原子時計です。光による原子時計はそのうちの七つで、そのうち中性原子を用いた光格子時計が2種類

（ストロンチウムとイッテルビウム）、他の5種類は単一イオンを用いた光原子時計です。それぞれの時計の研究者がこれらの性能を向上させ、競い合って、10年ぐらい先か、もっと先になるかはわかりませんが、最終的に最も精度が高いと認められたものが、新たな秒の定義となるわけです。

まずは、原子時計を理解するための準備をしたいと思います。

時計の2分類と3つの構成要素

そもそも時計には、崩壊現象を利用するものと周期現象を利用するものの2種類があります。

崩壊現象を利用するものは水時計や砂時計、線香時計などで、ここで「崩壊」といっているのは「何かがなくなる」という意味です。一定の時間で何かがなくなる現象を利用したり、なくなり方の法則に基づいて比率を計算したりすることで時間を計測できます。その意味では、「腹時計」も崩壊現象を利用する時計といえなくはありません（半分冗談ですが、理屈は同じです）。

周期現象を利用するものは日時計、脈拍、振り子時計などで、こちらのタイプの時計は、どんなものでも必ず、「振動子」「カウンター」「基準」という3つの要素をもっています。

「振動子」というのは、振り子時計の振り子にあたるものです。一定の周期で振動する振り子があれば、その数を数えることで時計として機能します。もし振り子が狂えば、その結果として時間も狂うことになるので、振り子というのは時間の一歩手前にあるものだということができます。「振り子」というとイメージが限定されてしまいますが、一定の振動をするものであれば何でも振動子として使うことができます。クォーツも原子も振動するので、今ではそれらが時計に利用されています。

次に「カウンター（計数器）」です。振り子が振れているだけでは時計にならず（それだと単なるメトロノームのようなものです）、何回振れたかを数えるカウンターがあって、初めて時計になるわけです。機械式時計の場合、歯車と表示器（針）がこれにあたります。

そして、振動やカウンターは時々狂うことがあるので、「基準」が必要になります。

昔であれば地球の自転が基準で、太陽が真上に来たら時計の針を12時に合わせ直していました。

全ての時計はこれら三つの要素から成り立っています。17世紀にできた振り子時計も、21世紀の最先端にある光格子時計も、この意味では、同じ原理でできているといえます。

振動の速さ＝周波数

振り子の振動の速さは「周波数」という量で表されます。周波数というのは一定の時間（1秒）に繰り返される振動数のことで、波のような形をイメージするとわかりやすいでしょう。よく「ヘルツ（Hz）」という単位を耳にすると思いますが、Hzとはこの振動数（周波数）の単位で、1秒に1回振動すると1Hz、1秒に10回振動すると10Hzとなります。ラジオ局の周波数の単位は「kHz」で、たとえばＮＨＫ第一放送は関東地方では５９４kHzですから、1秒に59万４０００回も振動する、非常に細かい波（電波）を用いているということになりますね。

また、身近なところでは、音の高さ（トーン）が周波数に関係しています。音（音波）

は空気の気体分子が振動して起こる波動で、空気を震わす振動数が多い方が高い音、少ない方が低い音になります。音の振動をどんどん速くすると、人間の耳が聴こえる範囲を超えてしまいます（ちなみに、人間の可聴域は20Hz〜2万Hz〔20kHz〕といわれています）。

もっと高い周波数が必要であれば、音波ではなく電磁波の振動を利用することになります。先に挙げたラジオの電波や電子レンジに使うマイクロ波、光、紫外線等は、すべて電磁波です。

この振動する波のような現象の速さ、すなわち周波数が一定であれば、周波数を数えることで計測される時間も一定になります。振り子が一定であれば時間を正確に計れ、振動の速度が速くなり、1秒を分割する度合いが細かくなるほど時計の精度は上がる、というわけです。時計の進化の歴史は、より細かい一定の振動を求めてきた歴史だということができます。

現在の時間の基準になっているのは原子（セシウム原子）です。先ほど「原子も振動する」と述べましたが、実は原子というのは、それぞれ原子固有の周波数をもっています。もう少し正確に言うと、それぞれの原子が、ある決まった周波数の光（電磁波）を吸収したり、放射したりする性質をもっているのです。

要するに原子は、セシウムなら約92億（９１９２６３１７７０）Hz、イッテルビウムなら約５１８兆（５１８２９５８３６５９０８６３・１）Hzというように、原子ごとに一定の周波数を有しており、それを正確に読み取れば精度の高い時計ができる、ということになります（ちなみに、クォーツは３２７６８Hz）。そのような考え方に基づいて開発されたのが原子時計であり、１９６７年から天文時計（地球の公転）に代わって１秒の基準になっていると同時に、次世代の新たな1秒の定義も、別の原子を利用した原子時計によってなされる可能性が非常に高くなっています。

周波数と色の関係

87ページの図でわかるように、電磁波の周波数が高くなると電波やマイクロ波から光になります。この、目に見える範囲の光（可視光）が、それぞれの波長の違いによって、赤や黄や青という色の違いとして私たちの目に見えることになります。

光が波であるということは、１８００年頃にイギリスの物理学者トマス・ヤングが発見し（光の波動説）、その後19世紀半ばに、やはりイギリスのジェームズ・マクスウェルが、光は電磁波であるということを理論づけました。そしてマクスウェルの言うとおり、光も電波もみな同じ電磁波であり、単に波長や周波数が違うだけなのだということが、１８８８年、ドイツの物理学者ハインリヒ・ヘルツの実験によって証明されました。このヘルツの実験の成果が19世紀末のマルコーニの無線通信実験につながり、さらにそれが現在の携帯電話の実現にもつながっているわけです。ちなみにマルコーニは、無線通信の発展への貢献で１９０９年にノーベル物理学賞を受賞しています。

一口に電磁波といっても、さまざまな波長のものがあります。たとえば、先ほど例に挙げたＡＭラジオの波長だと10ｍぐらい。周波数が１ＧHz（ギガヘルツ。１ＧHz＝10^9Hz＝10億Hz）ほどの電子レンジの電磁波はマイクロ波と呼ばれる範疇《はんちゅう》にありますが、この場合の波長は３cmぐらいです。

そして目に見える光、可視光といわれるものの波長は４００〜８００nm（ナノメートル）程度。この範囲の電磁波が、色として目で見ることのできる光です。波長が４００nmの電磁波は紫として目に見え、波長が長くなるにしたがって、青、緑、黄、オレンジ

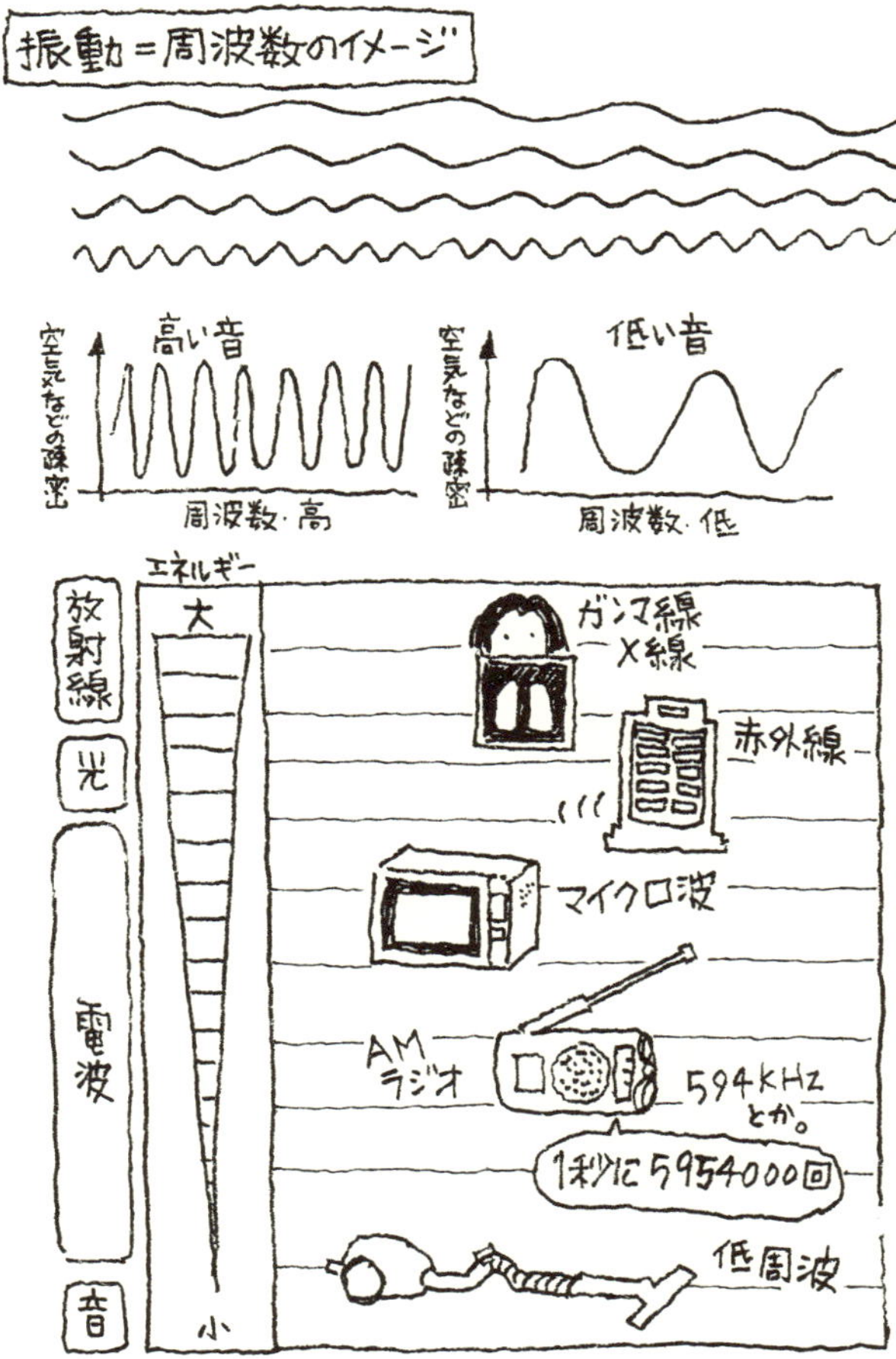

振動＝周波数のイメージ
高い音
空気などの疎密
周波数・高
低い音
空気などの疎密
周波数・低
エネルギー
大
小
放射線
光
電波
音
ガンマ線
X線
赤外線
マイクロ波
AM
ラジオ
594KHz
とか。
1秒に5954000回
低周波

となり、600nmぐらいで赤になります。赤より波長が長いものは赤外線、もっと先は遠赤外線となり、目には見えませんが暖かさを感じるものになります。一方で、紫より波長が短いものは紫外線で、最近は日焼けなどの原因として嫌われるようになっています。いずれもそれらはもう、目に見える範囲の電磁波ではありません。

分光学の歴史

ここで「各原子が固有の周波数をもつ」ことを知るきっかけとなった分光学についてもお話ししておこうと思います。

1664年にイギリスのニュートンが、光、特に色がついて見えない白色光というものが、実は7色の光が混ざったもの（スペクトル）だったことを発見します。その後19世紀初頭に、ドイツのフラウンホーファーがより精度の高い分光器を発明しました。フラウンホーファーの分光器は、光を通すところをごく細いスリット状にしたもので、これを使うことで光をより細かく、精度よく分けることができるようになりました。

フラウンホーファーがこの方法で太陽光を分光したところ、スペクトルの中にところどころ黒く細い線が入っているのが見つかりました。これを「フラウンホーファーの暗線」といいますが、当時はなぜこのような黒い線が入るのか、理由を解明することはできませんでした。

その後、ブンゼンやキルヒホッフといった化学者たちがナトリウムランプの光を分光し、今度は逆に、暗い中に一定のパターンで明るい線が出ることを発見します。そこから、ナトリウムランプから出てくるナトリウム元素が、ある決まった波長の光を吸収したり放出したりしているためにそのような現象が起こる、ということを突き止めました。そして、その線のパターンにフラウンホーファーの暗線と重なるところもあることから、太陽大気にはナトリウム元素が含まれている、ということが導き出されました。つまり、フラウンホーファーの暗線はそれぞれの原子固有の周波数を示す〝指紋〟のようなもので、それを分析することで、太陽大気を構成する元素が何であるかを知ることができるようになったわけです。

これを端緒として、19世紀後半には元素と固有の周波数に関する膨大なデータが採取され、さまざまな元素が続々と発見されるなど、分光学は劇的に発展していきました。

レーザーの発明も分光学の成果の一つですし、現在の私たちの研究――原子がある特定の周波数の光に共鳴して光る、その周波数を精度高く測定する――ということも、これらの直系の子孫ということができます。詳しいことは省きますが、量子力学も、排気ガスの分析をはじめとするさまざまな化学分析技術も、分光学から生まれてきたということができます。分光学はニュートン以来の古い学問分野ですが、現在の最先端にもつながる、非常に奥深い分野なのです。

原子時計の歴史

分光学の歴史を追ったところで、一度、原子時計の歴史もざっと振り返ってみましょう。原子時計の考え方は古くからあり、最初の記述は1879年のケルビン卿《きょう》による「原子遷移に基づく時間計測の提案」にさかのぼることができます。20世紀前半のオットー・シュテルンや、イジドール・ラビらの開発した実験技術は原子時計に直結するものでした。そして1945年、アメリカでセシウム原子に基づく時計のアイディアが生まれました。

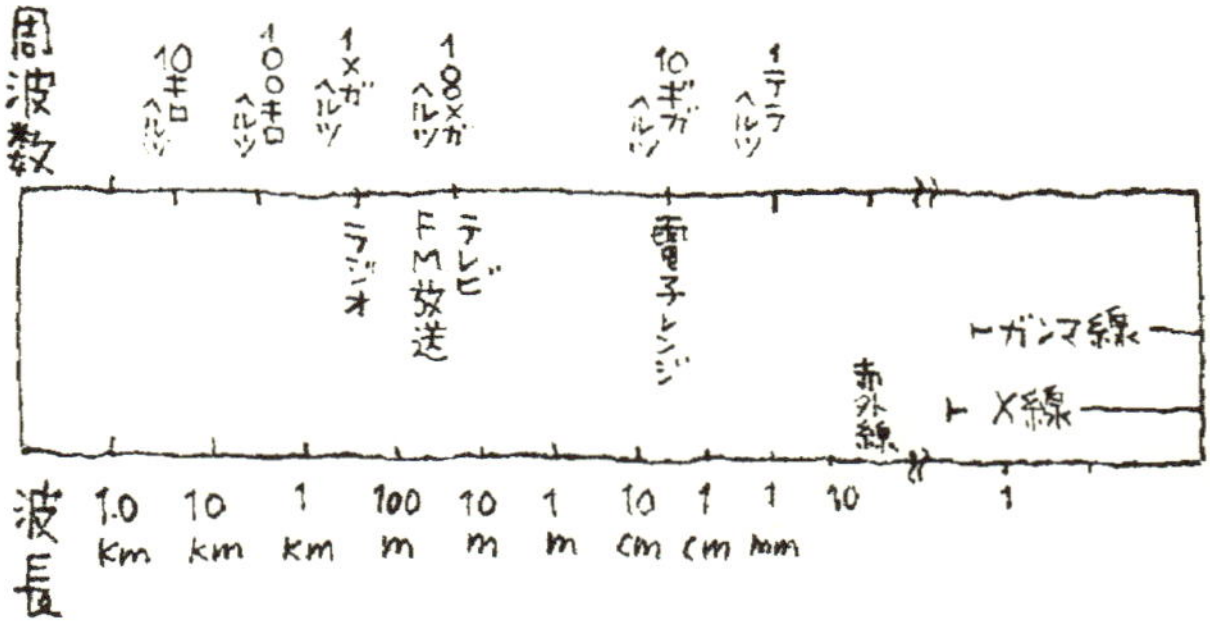
周波数
10キロヘルツ
100キロヘルツ
1メガヘルツ
10ギガヘルツ
1テラヘルツ
ラジオ
テレビ
FM放送
電子レンジ
赤外線
ガンマ線
X線
波長
1.0 Km
10 km
1 km
100 m
10 m
1 m
10 cm
1 cm
1 mm
10
1

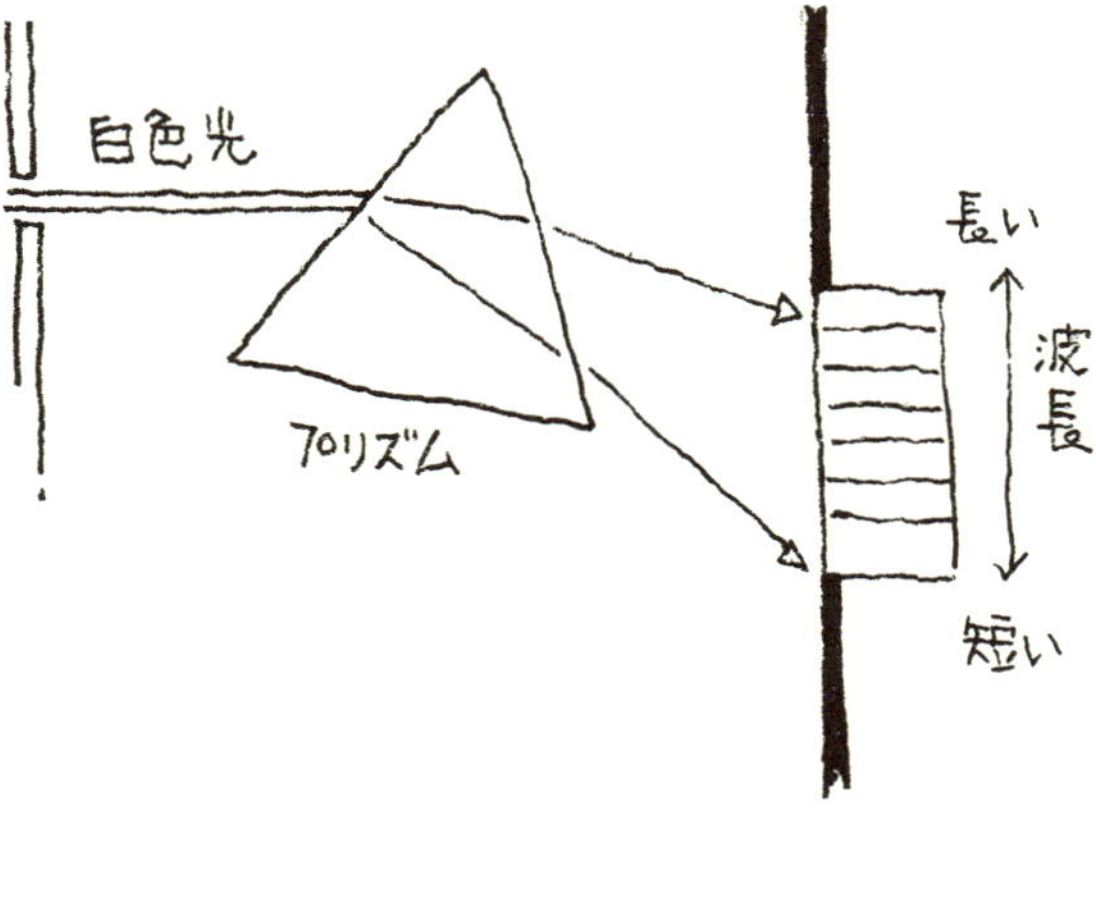
白色光
プリズム
長い
波長
短い

49年にはアメリカの物理学者ハロルド・ライオンズがアンモニアの吸収線（先ほどのフラウンホーファーの暗線のようなものです）を用いた「原子時計」を発明しました。しかし、ここで用いているのは、実際には原子ではなく分子です。おそらく「原子（atomic）」という言葉に非常に強いインパクトがあった時代なので、この名前をつけたのでしょう。基準とするものは違いますが、ある物質の決まった周波数を扱い、それを基準にして時計とするという点では、セシウム原子時計と原理的に変わりはありません。

55年にはイギリス国立物理学研究所（ＮＰＬ）のルイ・エッセンらがセシウム原子時計を開発し、67年、1秒の定義がそれまでの地球の公転から、セシウム原子時計に変更されます（地球の公転は56〜67年までの間、時間の標準となっていました。56年以前の標準は地球の自転です）。セシウム固有の周波数は91・９GHz。その波のピークをマイクロ波のカウンターが計数し、91億９０００万回になったら次の1秒に進む、という仕組みの時計です。

セシウム以外にも、水素やトリウム、ルビジウムなど、使用する原子の候補はいくつかあったのですが、セシウムが採用された理由は、おそらくですが、セシウム原子は天然の状態では100パーセント「セシウム133」しか存在しないからではないかと思います。原子力発電所の事故によって、一般にも「セシウム137」という存在が広く知られるようになりましたが、それは「セシウム133」と原子核の中性子の数が違う「同位体元素」です。一般に、原子には同位体元素がいくつもあります。同位体元素は原子核の重さが違うために共鳴する振動数(周波数)もそれぞれ異なり、同位体元素が混在する原子を使うと、正確な周波数の計測が難しくなります。今ならレーザーでそれらをより分ける方法がありますが、当時はその技術はなかったので、天然で1種類しかないセシウムが選択されたのではないかと、私は推測しています。

もう一つ、皆さんは原子の周期表を覚えているでしょうか。セシウムは周期表ではかなり下に位置しています。その下にあるフランシウムは放射性元素で、セシウムは放射性ではないものとしては、最も重い原子なのです。重いと動くスピードが遅いので調べやすい面もあり、まだ原子を捕まえる技術がなく、レーザーも開発されていなかった時代には、原子の重さも重要な要素だったと考えられます。

2　原子を捕まえて時計にする──原子本来の色を求めて

原子時計の「基準」となるのは原子です。その原子について軽くおさらいをしておきましょう。

原子というのは元素の最小単位で、プラスの電気を帯びた原子核と、そのまわりを飛び回るマイナスの電気を帯びた電子によってできています。一般に原子というときは、電気的にプラスでもマイナスでもない、ニュートラルな中性原子を指します。

まわりにある電子は原子からなくなったり、どこからか飛んできて増えたりすることがあります。そのような、原子から電子が減ったり増えたりしたものを「イオン」といい、原子から電子が放出されてプラスに帯電したものが陽イオン（プラスイオン）、電子を受け取ってマイナスに帯電したものが陰イオン（マイナスイオン）ということになります。

「光格子時計」と「単一イオン時計」は、どちらも新たな1秒の定義の候補に挙げられていますが、これらの違いは原子が電荷をもっているかいないかにすぎず、どちらも原

原子
元素の最少単位
電子
動いている
・放出されてプラスに帯電……陽イオン
・放出されてマイナスに帯電……陰イオン
静電気でくっつくイメージ（下じきと髪とか）
ぶよぶよしている水ふうせんみたいなかんじ。
このぶよぶよに各原子固有の周波数がある。
固有の周波数を送ることで光る。＝振動数がわかる。
ピカッ！
ぶよぶよ

子時計といってよいものです。イオン時計の研究のほうが原子時計に先行してきましたが、それはおそらく、イオンのほうが捕まえやすかったからでしょう。プラスやマイナスの電気をもっているということは、捕まえる相手に取っ手がついているようなものだといえます。つまり、プラスの電気を使えばマイナスイオンを引き寄せやすくなるし、マイナス同士の反発する力を用いることもできるなど、人間が操作しやすいのです。中性の原子の場合は、プラスやマイナスの力に反応しない分、捕捉が難しいものでした。

　そのような原子を捕まえ、振動数を計ることで時計にしようというのが原子時計です。原子がブルブル震える振動が、振り子の振動やクォーツの振動にあたります。

　このときのブルブル震えるイメージは、たとえば、中に重い塊（原子核）をもつ水風船のようなものを想像するとわかりやすいかもしれません。全体の重心は動かないまま、水風船のゴムの表面だけがブヨブヨと動くようなイメージで、そのブルブル、ブヨブヨがそれぞれの原子ごとに一定の周波数と決まっている。その一定の周波数を外から与えて共鳴させてやると、周波数に応じた色の光を発するわけです。

　第1章でクォーツ時計の原理について紹介し、共振、共鳴は「ブランコで背中を押すようなこと」と書きました。クォーツ時計の場合は、周期的に電圧を与えることがブランコで背中を押す行為にあたります。これでいえば、原子時計の場合は固定の周波数の電磁波を送ることが背中を押すことにあたり、それをしない限りは光ってくれません。光らなければ周波数を計ることができず、時計として機能させることができません。しかし、光れば、その色を見ることで該当する周波数がわかるので、周波数＝振動数のカウントが可能になるということです。

「カウントが可能になる」といっても、原子の振動は数えるには速すぎます。クォーツ時計までは本当に、振動の波がピークに来たら1、次にピークが来たら2、というふうに数えていましたが、原子の振動数はもはやカウンターで数えることはできません。計測の方法については後ほど詳しく説明します。

イオン1個を捕まえろ——単一イオン時計

現在、新しい秒の定義の候補リストには「単一イオン時計」というものが5種類も入っていますが、これは光格子時計より歴史の長い原子時計で、欧米で30年以上研究されてきました。

それ以前の原子時計は原子をいくつも一度に扱うものでしたが、それには問題があったため、単一の、たった1個だけのイオンを扱おうという考え方が出てきました。原子がいくつもあると、原子同士、あるいはイオン同士がコツコツぶつかって色が変わってしまい、原子本来の色が見えなくなってしまうのです。でも、イオンを1個だけにすれば、他のイオンにぶつかることはありません。

イオンはプラスかマイナスの電荷を帯びているので、静電気などを用いて力を作用することができます。プラスイオンならマイナスの静電気で引きつけるか、プラスの静電気で反発させることができます。この方法については1950年代から研究されてきましたが、一つ問題がありました。他の電荷などが何もない、ただの空間には安定して捕まえることができない、ということです。これができないことは、数学的に証明されています（アーンショーの定理）。

しかし、できないで終わらないのが科学者というものです。20世紀の後半に、性質が変化する場、振動する電場といったものをつくることで、イオンを捕まえられることが

原子時計のタイプ分類表

① マイクロ波時計
(例)セシウム原子時計

② 光原子時計

・単一イオン時計
(例)ストロンチウムイオン時計
イッテルビウムイオン時計

・中性原子光時計
※旧型(自由空間のもの)
(例)カルシウム時計
マグネシウム時計
※新型(束縛されている)
(例)ストロンチウム光格子時計
イッテルビウム光格子時計

わかりました。これは「ダイナミックな安定化」と呼ばれる状態で、原理自体は以前から知られていたものです。たとえば、ホウキを手のひらに載せてじっとしていると、ホウキは必ず倒れますね。動こうとするホウキと、じっとしている手のひらの静的な力は不安定な釣り合いなので、倒れるわけです。しかし、手のひらを水平に激しく前後に動かしてやると、ホウキは立ち続けます。

イオンに対してこのようなことをする、つまり、空間内でプラスとマイナスを次々と切り替えてやれば、イオンは捕まえられます。プラスイオンであれば、プラスのときは反発し、マイナスのときはくっつこうとして空間内でフラフラしますが、切り替えのスピードを十分に速くしてやれば、イオンは静止します。それがイオンを空間内に捕まえた状態だということです。

ドイツの物理学者ヴォルフガング・パウルがこの「イオントラップ法」を開発したことで、ただ1個だけのイオンを捕まえることができるようになり、そこで初めて単一イオン時計というものが現実のものになりました。1989年にパウルは、この発明でノーベル物理学賞を受賞しています。原子時計の研究でノーベル賞を受賞する人は、とても多いのです。

さて、イオン1個を余計なもの（酸素や窒素などの分子）に邪魔されないように真空状態の容器の中に隔離できたところで、いよいよ原子固有の色（周波数）の観察に入ります。容器にイオンが入っているだけの状態では、原子は光の放射体ではなく吸収体であり、全く光っていません。容器の中は真っ暗です。しかし、そこに共鳴する周波数のレーザー光を当てると、イオンがその光を散乱して、ふわっと光って見えるのです。ただし、その光はとても微弱であるため、見るためにはさまざまな工夫が必要になります。

量子力学的にいうと、最初、原子は基底状態という一番下のエネルギーの状態にいて、共鳴したレーザー光が入ってくることで励起されて、ある準位にいく、ということになります。

実は、原子時計の研究が進んで精度が上がっていくと、1個だけ隔離すれば一定の数値が得られるはずだった原子の周波数が、状況によってかなり変化するということがわかってきました。

なぜかというと、原子がある空間（我々がいる、この空間）の温度が、たとえば摂氏25℃、絶対温度でいうと300K（ケルビン）程度あるからです。

このぐらいの温度があるときは、実はこの世界にある何もかもがブルブル動いています。私たちの目には見えませんが、酸素や窒素の分子がいつもブルブル動いているので、その振動エネルギーで私たちは温度を感じるわけです。逆に温度が低いと、分子がブルブルする振動が弱くなるため、私たちは寒いと感じます。そして、絶対零度（摂氏マイナス273・15℃。温度エネルギーは0《ゼロ》K）では、どの分子も原子もピタッと静止した状況になります（本当は宇宙の中で絶対零度は存在しないのですが）。

温度とは原子の動きのこと

この原子と温度の関係について、もう少し詳しく説明しておきましょう。

先ほど、原子自体のブルブル振動について説明しましたが、このときは原子の重心は動かずに振動していました。しかし、熱エネルギーを受けて原子が動くときは重心ごと動きます。実際には「動く」というより「高速で飛び回る」といったほうが近いでしょう。何しろ、音速に近い速度なのです。今、皆さんのいる部屋でも、窒素分子や酸素分子が音速に近い速さで動き回っているわけです。それらは目には見えませんが、私たちは原子が高速で飛び回っている世界に住んでいるということです。

原子の質量は、原子核の質量が電子の２０００倍以上あるので、原子の位置というときには原子核の位置のことを指します。原子の動きと言っても、水風船のゴム袋の表面だけが震えるイメージではなく、ゴム袋の中の重い塊が動いて、水風船ごと高速で飛んでいくようなことをイメージしてください。

実は、私たちが暑い／熱いと感じたり、寒い／冷たいと感じたりするのは、すべてこの原子核の動きによっています。

たとえば、陶器の湯飲み茶碗がここにあるとします。湯飲み茶碗の形をしていますが、この中ではセラミックを構成する二酸化ケイ素などの分子が固まって、それぞれが手をつないでくっついています。これを私たちは硬いものだと感じますが、実は原子たちは静止しているわけではありません。理論上、温度エネルギーが0の「絶対零度」の状態にあるときには、原子の動きは止まります。しかしこの部屋は室温が摂氏20〜30℃、300Kものエネルギーがあるので、原子たちは手をつなぎながらもブルブル動いているわけです。

では、ここに熱いお茶を注ぐとどうなるでしょうか。原子たちは、高温の水分子によってさらに大きな熱エネルギーを得て、もっと元気に動き出します。300Kで動いていた原子よりも、もっと高エネルギーの元気のよい分子がやって来たことで、そのエネルギーが湯飲みにも伝わり、移っていくわけですね。このブルブル動く勢いは、簡単には止まりません。隣に温度が低くて動きの鈍いヤツがいると、くっついて「お前も動けよ」と巻き込み、隣の原子も元気よく動かしてしまいます。ただし、エネルギーを隣に移した分、自分の温度は多少下がります。

つまり、これが「熱伝導」です。アルミのように熱伝導率が高いものは、一緒に元気になりやすいのですぐに熱くなりますが、外の空気にもすぐに伝わっていくので冷めるのも速いです。一方、セラミックス（陶器）のように熱伝導率が低いものは「一緒に動こうぜ」と言われても簡単には動かず、なかなか温まらないし、一度温まったら冷めにくいということになります。

そのような原子の動きが「温度」の正体です。いってみれば、温度と原子の動きは一体であり、温度のメカニズムそのものだといえるのです。0《ゼロ》Kである絶対零度は、温度エネルギーが0ということであり、すべての原子がピタッと静止した状態になります。絶対零度以下の温度が存在しないのも、すべての原子が止まっている以上、これより先はもはや下がりようがない、ということなのです。

原子本来の色を求めて

原子が熱エネルギーによってブルブル動いていたり、ビュンビュン飛び回っていたりする状態では本来の原子やイオンの色が見えません。動き回っている状態だと原子本来の正確な色を見ることができないのは、ドップラー効果によって原子の色の見え方が変化してしまうからです。ドップラー効果という現象は、よく救急車の音を例に説明されます。救急車の「ピーポーピーポー」というサイレンは一定の音で鳴っていますが、近づいてくるときはその音を高く感じ、離れていくと低く感じますね。本来のサイレンのピッチは変わらないのに、聞こえる音の高さは変わります。そのような現象が光でも起こり、動くことで本来の原子固有の色と違う色に見えてしまう、ということです。

つまり、一定の光を吸ったり出したりする原子があり、それが動いてこちらに近づいてくると、光の周波数が高くなって青っぽく見え、離れていくときには赤っぽくなる、ということです。本来は一定の色、周波数であるはずなのに、それがずれることで、正確なところがわからなくなるのです。原子時計の開発においては、そのような現象を最初に解決しなくてはなりませんでした。そこで、絶対零度に最も近い状況をつくって原子やイオンを静止させ、原子やイオン本来の固有の色を見ること、すなわち固有の周波数を計測することが、現在の原子時計の基本的なシステムとなります。

1970年代以降、このドップラー効果の問題を解決する現象が、アメリカとフランスの物理学者たち（スティーブン・チュー、ウィリアム・ダニエル・フィリップス、クロード・コーエン＝タヌージ）によって発見されました（最初のレーザー冷却実験に成功したのは、ソ連のバリキンです）。それは、レーザー光線を当てると原子が非常に低い温度まで冷える、という現象です。レーザーを当てると普通は熱くなるのですが、逆のことが可能になることが証明され、この「レーザー冷却法」と、それによって原子を捕捉する技術は１９９７年のノーベル物理学者の受賞テーマになりました。

レーザー冷却で絶対零度近くまで冷やされると、動いていた原子はピタッと止まったような状態になります。とはいえ本当の絶対零度ではなく、１μKとか、１mK程度の温度はもっています。わずかであっても温度エネルギーを持っている限り、原子は動きます。そして、そのほんのわずかな動きによっても、我々が問題にする精度では原子固有の光の色は乱されてしまいます。

それでもレーザー冷却は、原子時計の性能向上に役立つ基盤的技術だと目され、着実に研究が進められていきました。

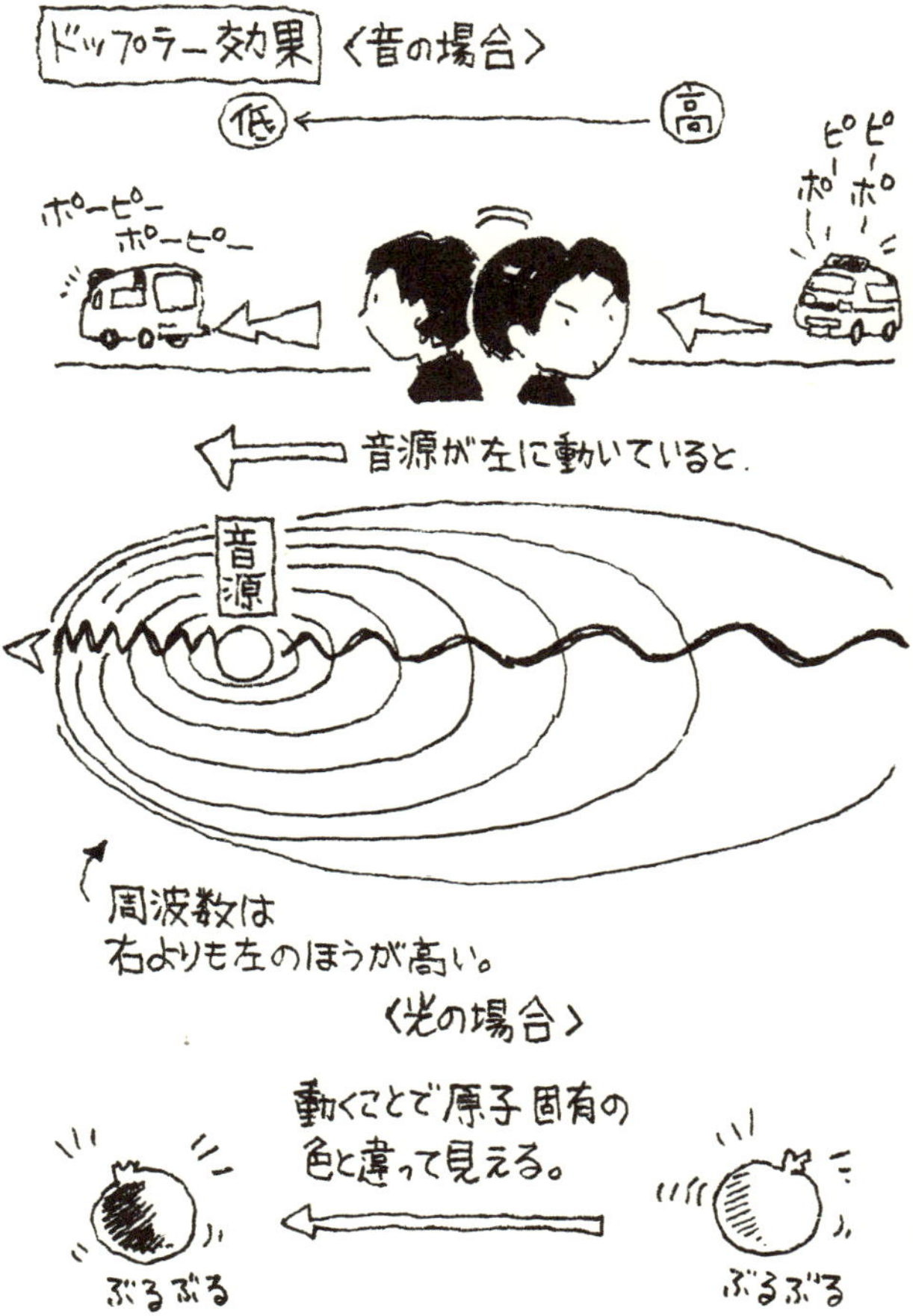

ドップラー効果 〈音の場合〉
低
高
ピーポー
ピーポー
ポーピー
ポーピー
音源が左に動いていると.
音源
周波数は
右よりも左のほうが高い。
〈光の場合〉
動くことで原子固有の
色と違って見える。
ぶるぶる
ぶるぶる

波長の計測から、光の周波数の計測へ

原子時計の研究が始まって約40年が経った頃、大きな変化がありました。キーワードは「マイクロ波から光へ」です。科学技術が進歩すると、それまでわからなかったことがわかるようになり、できなかったことが当たり前のようにできるようになります。これまで人間は、それを繰り返してここまで来たわけですね。原子時計をめぐる状況は、どのように変わったのでしょうか。

1967年からセシウム原子時計が1秒の定義になっていますが、その当時の原子時計は、セシウム原子の中のマイクロ波領域の電磁波の振動を使っていました。これは9.2GHzという、携帯電話の電波や電子レンジのマイクロ波と同じような速さの振動の電磁波です。1秒に92億回振れるという、この速さの振動であれば、それまでの技術で測ることができていました。

ところが光（可視光）の周波数はその10万倍大きいので、直接測る手段がなく、振動の波長、つまり色を観察することで周波数を測っていたのでしたね。色は電磁波の波長によって変わるので、出てきた色が何色かによって波長がわかり、波長がわかることで

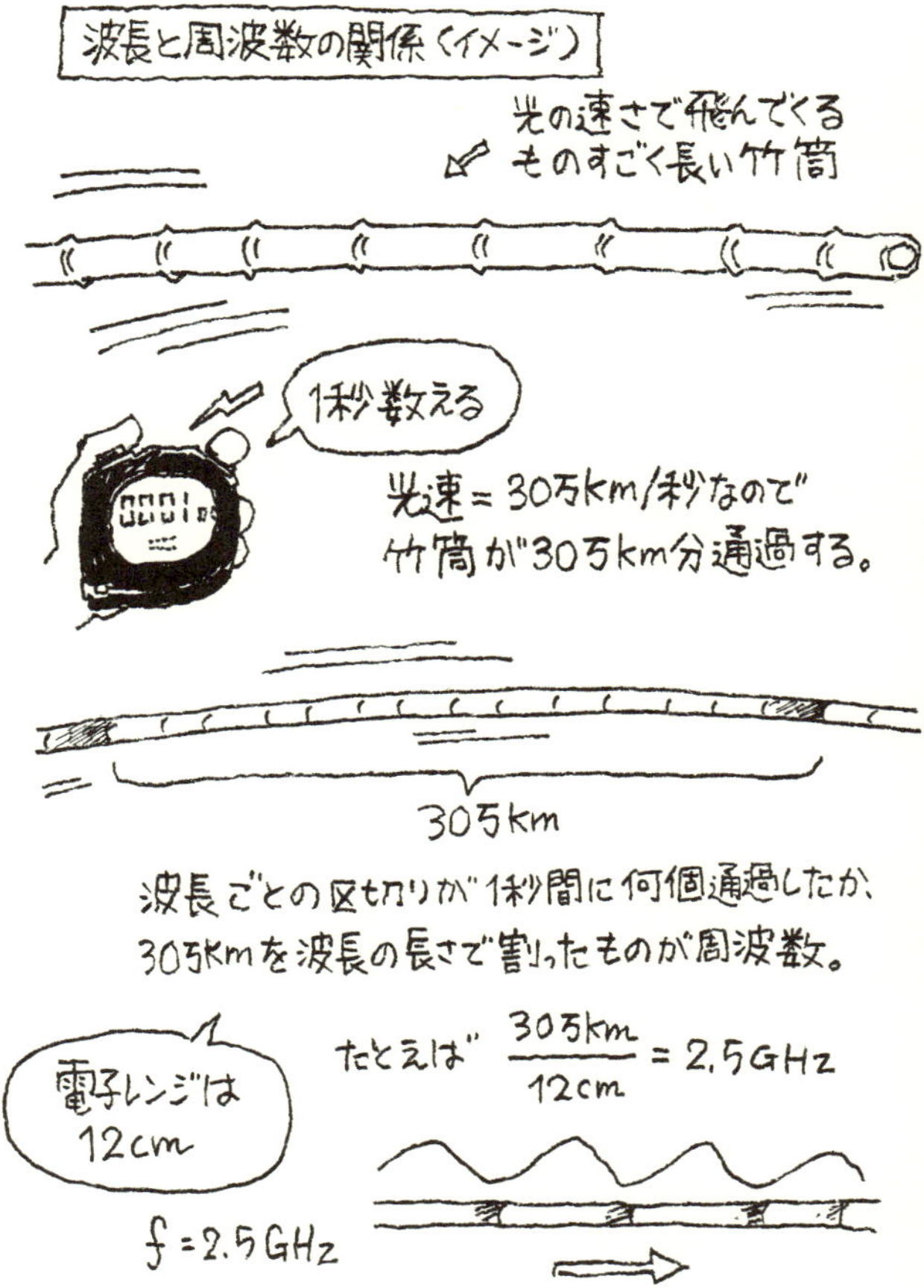
波長と周波数の関係（イメージ）
光の速さで飛んでくる
ものすごく長い竹筒
1秒数える
0001
光速＝30万km/秒なので
竹筒が30万km分通過する。
30万km
波長ごとの区切りが1秒間に何個通過したか、
30万kmを波長の長さで割ったものが周波数。
電子レンジは
12cm
たとえば 30万km / 12cm ＝ 2.5GHz
f＝2.5GHz

間接的に周波数もわかる、ということです。この計測法は、ニュートンが三角形のプリズムで白い光を七色に分けたところから始まり、20世紀末まで用いられていました。私が所属し、光格子時計の研究開発を行っている産総研の部署も「波長標準研究室」といいます。「波長」という名称から、学問分野の歴史がわかると思います。

3　マイクロ波から光へ

光の周波数を測る

少々回り道をしましたが、いよいよ本題に戻ります。20世紀後半、原子時計をめぐる状況が大きく変わりました。つまり、この頃になるとレーザーの技術が進展し、特殊なレーザー光を用いて原子の周波数の計測ができるようになったのです。光の振動の速さは、だいたい５００兆Hz。それまで計測に使っていたマイクロ波は9.2ＧHzなので、それと比べて5桁、すなわち10万倍も速く、それだけ計測の精度が高まったわけです。

実はそれまでの技術では、マイクロ波の周波数基準と、光周波数をつなぐ変速ギアがなかったので、光の振動速度は正確に測れていませんでした。より正確にいうと、世界に数ヶ所、ドイツのマックス・プランク量子光学研究所やアメリカの国立標準技術研究所（その他、日本、ロシア、カナダなど）だけが、それを計測する技術や設備をもっていました。しかしそれは、例えば日本では建物のフロア全部を使い、1台1千万〜2千万円ほどもする巨大なレーザーをいくつも並べて、そこに一人ずつ研究者がはりついて「せーの！」で合わせてレーザーを照射し、一瞬だけ計測に成功する——というような、大掛かりなことが必要なものでした。光の周波数を測るのはそれほど大変で、もちろん世界各国の単一イオン時計の研究者たち自身も、理論は立てても、よほどのことがないと自分の開発した時計の精度を実際に測るようなことはできなかったわけです。

ということは、「単一イオン時計のよいものができた」といっても、それまでは開発者がそう信じているだけ、という面もなくはなかったということです。

その状況は、2000年頃に登場した計測技術によって打ち破られました。アメリカのジョン・ホールとドイツのテオドール・ヘンシュという物理学者が、「光周波数コム」という新しい装置を発明したのです。「コム」というのはクシのことで、さまざまな色のレーザーが、周波数軸上にクシの歯のように等間隔に並んでいる特殊なレーザーです。それを使って初めて、光の周波数が簡単に測れるようになりました。日本でも世界で3番目に、産総研の波長標準研究室で光周波数コムの開発に成功しています。

この光周波数コムの登場によって本当の振動速度が測れるようになったことで、それまで優れていると思われていた原子時計でも意外に精度が出ていないことなどがわかってきました。ここから、世界では光を使った原子時計の研究が爆発的に進むことになります。光を使った原子時計の研究は、実は、まだ始まったばかりなのです。

簡単に光の周波数が計測可能になったということは、原子時計の研究にとって非常に大きな意味をもっています。正確に測れることももちろん大切なのですが、計測される数値は、周波数を測るときの状況で微妙に異なってくるからです。たとえば、校庭1周分の長さを測るとき、1回だけ測るより10回測って平均したほうが精度は上がります。何についても同じことで、振り子の周期を測る実験でも、1回だけ測るより100回でも1000回でも測って平均した方が精度は上がりますし、光の周波数も、一瞬だけ測るより長時間測った方が誤差が減っていくわけです。光周波数コムによって何度も測れ

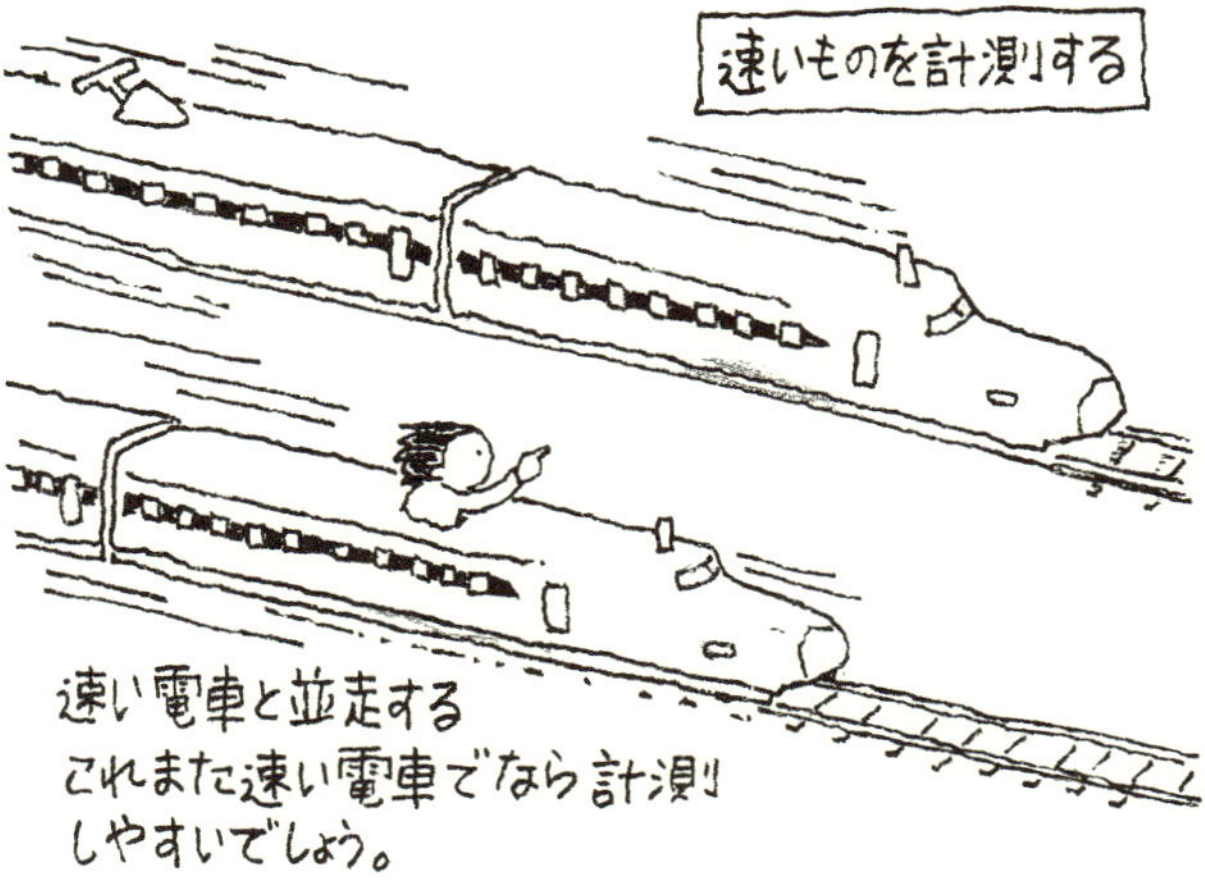
速いものを計測する
速い電車と並走する
これまた速い電車でなら計測しやすいでしょう。

る環境が整ったことは、原子時計の精度を上げることに飛躍的に役立ちました。

セシウム原子時計が初めてできた1955年当時、それは研究者の誰もが驚くほど正確なものでした。しかし、精度はその後、10年で1桁のペースで高まっていき、発明から50年経った今、当時に比べて5桁も上がり、10^{-15}（0.000000000000001）にまで達しています。これは、数千万年に1秒しか狂わないという精度です。

光周波数コムで周波数を測れる理由

光周波数コムに限らず、マイクロ波やレーザー光で計測していた時代もそうですが、高い周波数を測るということは、高速で走る電車から、並行して走る電車の速度を測るようなものです。たとえば、時速１００㎞で特急電車が走っているとしましょう。速度を計測しようとしても、自分がホームで立ち止まって待っていたら、電車は一瞬で通り過ぎて終わりです。しかし、自分もその電車に並走する時速１００㎞の電車に乗っていたら、向こうの電車は止まって見えるはずですね。もし測りたい電車が時速１０２㎞にスピードアップしても、差は２㎞だけなので、時速２㎞程度のゆっくりとした速度に変換することができる、というわけです。ピアノの調律も同じようなことをしており、基準となる音叉《おんさ》を鳴らして基準とのずれを音のうなりとしてとらえ、ずれた分だけを調整していきます。

レーザー光等を用いて周波数を測るのは、それと同じようなことです。光周波数コム登場以前に実用的な光周波数標準として活躍してきたのは、おなじみの赤い色で光るヘリウムネオンレーザーでした。基準となるヘリウムネオンレーザーと測りたいヘリウムネオンレーザーを重ね合わせると、元の振動数自体はものすごく速いけれども、その差を小さくして、ゆっくりした変化としてとらえることができるのです。

ある特定の周波数だけをもつヘリウムネオンレーザーや音叉の場合、基準はその周波数1種類ということになります。ところが光周波数コムなら、それ一つでどの範囲の周波数にも対応できます。これは、少しずつ音の高さの異なる音叉が100万個もずらーっと並んでいて、どの音が鳴っても基準となる音叉がそこに用意されているような状態を、光の周波数帯でつくっている、ということです。0Hzから周波数軸上に、延々と周波数のものさしが並んでいるもの、といってもよいかもしれません。

これをある周波数の色の光と重ねると、まずはおおよそ何Hzと何Hzの間の色であるかがわかります。それがわかれば、今度はその範囲内だけに絞り込んで、より細かく、顕微鏡で拡大するようにして確認していけばよい、ということになります。

原子の周波数にチューニングする

光の周波数が測れることが分かったところで、その光によって原子を共鳴させる方法について説明していきます。

まず、原子を用意します。これまでお話してきたように、原子はある決まった周波数の光を吸ってくれ、確実に正しい周波数を教えてくれる存在です。その原子は、真っ暗な状態で光が来るのを待っています。そこにレーザーで光を当てて、光の周波数を少しずつ変えながら、チューニングしていきます。当てるレーザーの周波数が合ってないと、原子は何の反応もしません。全く光らず、そのままです。

ただ、だんだん周波数を近づけていくと、少しずつ光り始めます。概念的には、一番合うところに合わせると一番よく光り、ずれるとまた光らなくなります。一番光っている状態になると、自分の出しているレーザーの光と原子の周波数が一致したということになり、そこで正しい周波数が得られた、ということになるわけです。

これは昔のアナログのラジオをイメージするとわかりやすいでしょう。アナログのラジオだと、たとえばＮＨＫの放送の周波数帯が５９４kHzだとわかっていて、そこに向かってつまみを合わせていく。最初は音が聞こえませんが、だんだんふわーっと聞こえてきて、一番周波数の合ったところではっきり聞こえて、そこを超えるとまただんだん聞こえなくなります。原子の周波数を測るというのも、これと同じように、最もよく光るところを探してチューニングしていく作業になります。

周波数のチューニング
光コムのイメージ
ステキな出会い♡
波長が合うところでいちばん光る。
⇩
周波数を教えてくれる。
ラジオのイメージ

原子の発する光はとても微弱で、周りのノイズと区別がつかないほど弱い信号です。だから、119ページの左上の図ではスムーズな曲線のグラフとして表現していますが、本当はその右の図のように結構ギザギザした線になり、どこが中心かを見極めるのはなかなか難しいものです。中心値を導き出すためには、何回も時間をかけて計測し、得られた値を積算し、平均して、ギザギザをきれいにしていく作業が必要になります。

計測するときには、原子が明るく光る（信号が強い）ほうが、より正確に計ることができます。最初の信号がきれいにとれれば、すぐにレーザーを一番よく光るピークの数値（中心値）に合わせることができるからです。強い信号を出せる方が、性能が高いわけですね。光原子時計のうち、単一イオン時計の場合は、原子（イオン）がたった1個しかないので、信号（光）は弱く、暗いです。だから、測ろうとする信号の中心がどこなのか、すぐにはわかりません。それで研究者たちは、最初からツルンとしたきれいな信号が得られ、すぐに中心がどこだかわかる、性能が高い原子時計をつくろうとするわけです。

たとえば、私の研究している光格子時計なら、原子を100万個でも一度に用意でき、十分に明るく光らせることができます。つまり、性能が高い時計だということです。

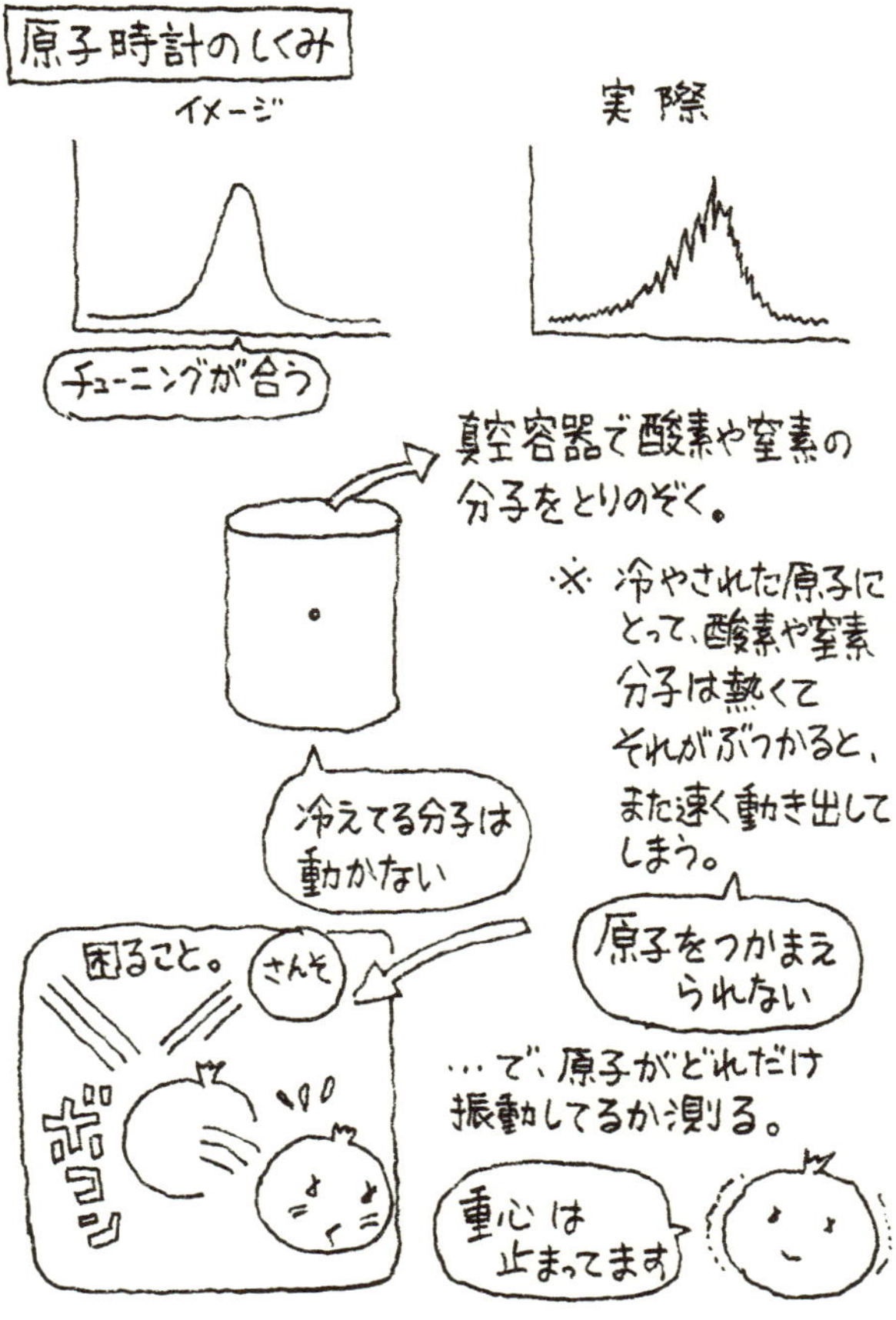
原子時計のしくみ
イメージ
実際
チューニングが合う
真空容器で酸素や窒素の分子をとりのぞく。
※冷やされた原子にとって、酸素や窒素分子は熱くてそれがぶつかると、また速く動き出してしまう。
冷えてる分子は動かない
原子をつかまえられない
困ること。
さんそ
ボヨン
…で、原子がどれだけ振動してるか測る。
重心は止まってます

こう説明すると、まず単一イオン時計ができ、次の段階として原子をたくさん用いた原子時計の開発が試みられたと思われるかもしれませんが、必ずしもそうではありません。光格子時計が開発される以前にも、信号が多い方がよいなら原子をたくさん用意すればよいと考えていた人は、アメリカにもヨーロッパにももちろんいました。そのような研究者たちにより、たくさん原子を使う原子時計が提案され、やはり30年ぐらい前から研究されていたのです。それらはカルシウム光原子時計とかマグネシウム光原子時計といわれるものです。

原子をたくさん用いていたそれらの原子時計は、確かに信号は強かったのですが、大きな欠点がありました。たくさんの原子が特に何かに捕まえられている状態にはなかったので、原子が勝手に動き回ったり、お互いにコツコツぶつかり合ったりしていて、信号の中心値がずれて正確な数値が測れなかったのです。光周波数コムが発明されたことでその事実が明らかになり、このシステムではいくら頑張っても限界があるということもわかって、現在はそれらの研究は廃れています。

4　光格子時計の仕組み

2001年、つい最近のことですが、当時、東京大学大学院工学系研究科の助教授だった香取秀俊《かとりひでとし》さんが光格子時計の手法を提案しました。

その頃の原子時計研究分野は、単一イオン時計や、先ほどのカルシウム原子時計等の研究者たちがアメリカやドイツで頑張っていたものの、もうどんなにやってもこれ以上はだめだ、どうしたらよいのか、という閉塞感が漂っていた状況でした。そのような中で香取さんが、たった1個のイオンでぶつかることがない単一イオン時計と、原子をたくさん使うために強い信号が出るカルシウム原子時計、両者の優れた点を両立できるものとして、光格子という容器に原子を一個一個バラバラに入れて100万個ぐらい並べればよい、というシステムを考えたのです。

光格子というのはレーザー光線でつくる、卵パックのようなポコポコの容器です。つまり、ある波長のレーザー光線を重ね合わせて格子状の干渉縞《しま》をつくり、ポコポコできた一個一個の部屋のようなところに原子を捕まえて入れてやる、という仕組みです。これによって、原子はたくさんありながら、一個一個の容器の中に捕まって閉じ込められ、他の原子とぶつかることのない状態ができる、というわけです。

イオンは電磁力で捕まえやすいけれども、中性の原子はとっかかりがなくて捕まえにくかったのでしたね。その通り、中性の原子を捕まえるには、電磁力は役に立たないので、ここではレーザー冷却という技術を使い、原子を絶対温度近くまで冷やして動けなくすることで捕まえることにしました。

冷やすときにはどうするかというと、原子が動き回っているところに、ピッ、ピッと冷凍光線を当てて冷やしていく、というわけではありません。まず、冷やすためのレーザー光線を当てている領域をつくっておき、そこに原子が飛んでくると、その領域に捕まって動けなくなってしまうのです。原子からするとその領域はまるで蜂蜜がたまっているような粘性が高い空間で、時速100kmでそこに飛び込んできた原子は、その粘りによる摩擦の力で止められてしまいます。温度が低くなると原子の動きは鈍くなり、絶対零度になると原子はすべての動きを止めてしまいます。この領域は絶対零度まではいきませんが、原子の動きにブレーキをかけるには十分なほど冷えています。先ほどから

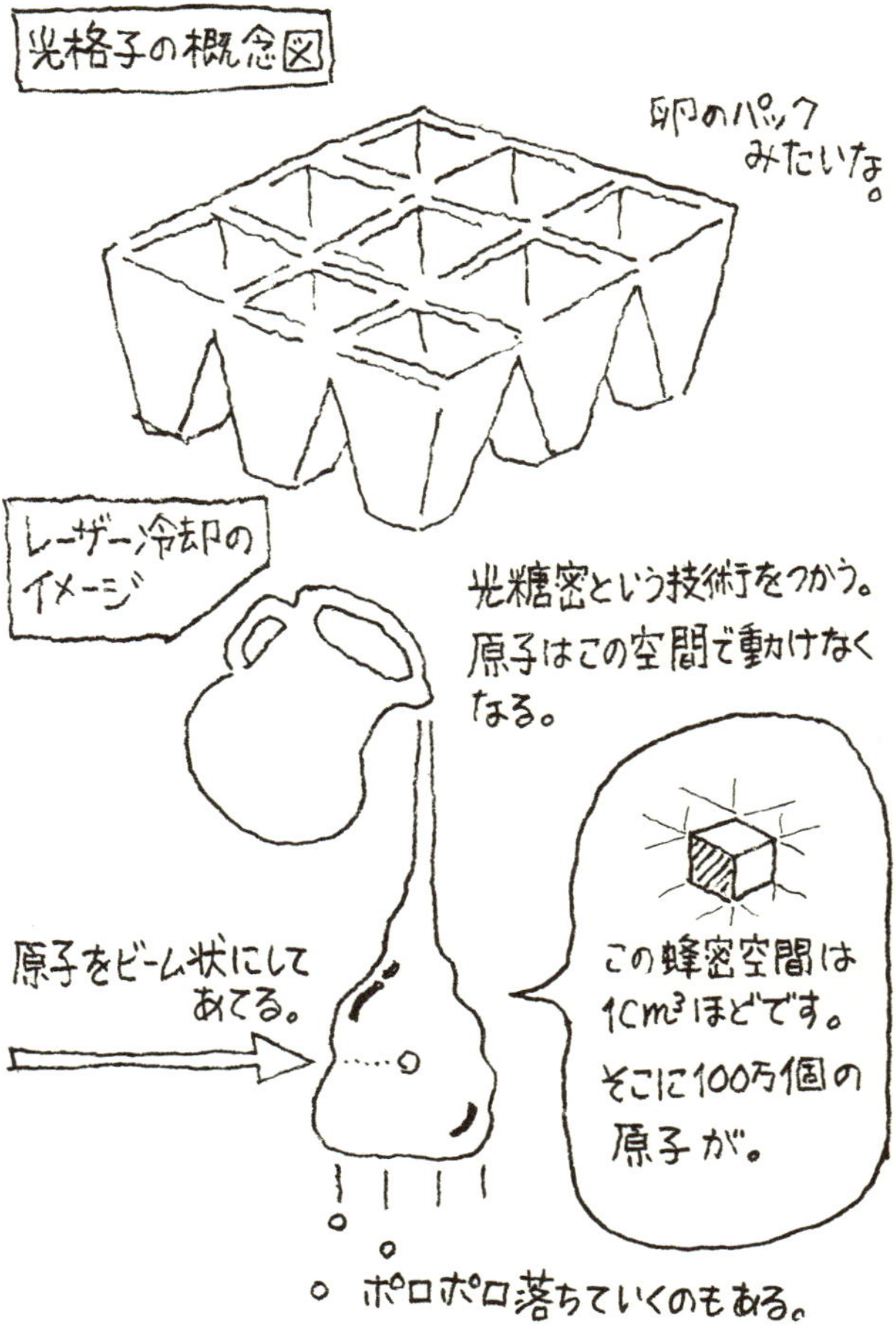

光格子の概念図
卵のパック
みたいな。
レーザー冷却の
イメージ
光糖密という技術をつかう。
原子はこの空間で動けなくなる。
原子をビーム状にしてあてる。
この蜂密空間は
1cm³ほどです。
そこに100万個の
原子が。
ポロポロ落ちていくのもある。

蜂蜜と呼んでいますが、このような空間は実際に「光糖蜜」と呼ばれています。

捕まった原子は蜂蜜の中にずっと留まっているわけではなく、しばらくするとポロポロと落ちていきます。光格子時計では100万個の原子を使うわけですが、次々と落ちていってもなお100万個がそこに溜まっているような量を、その蜂蜜内に撃ち込み続けるということになります。穴あきの容器に水を注いでいるようなもので、漏れていても、水量が維持できるぐらい水を注ぎ続ける、というとイメージしやすいでしょうか。

卵パックのような光格子の容器は、この蜂蜜の中につくります。冷却用のレーザーがつくった蜂蜜に光格子をつくるためのレーザーを重ねるのですが、実は冷やされた蜂蜜空間は、わずか1㎤ほど。その中で原子が集まる空間というのは、さらに小さく、0.1㎣ほどの空間となります。その中に100万個の原子が入っている。そして、そこに光格子用のレーザーを照射してやることで、一個一個の原子が卵パックのポコポコの中に納まる、というわけです。

光格子の正体は「定在波」というものです。定在波というのは、たとえば水を容器に入れて揺らすとできるようなものです。海や川で見られる波は一方向に進むだけの「進

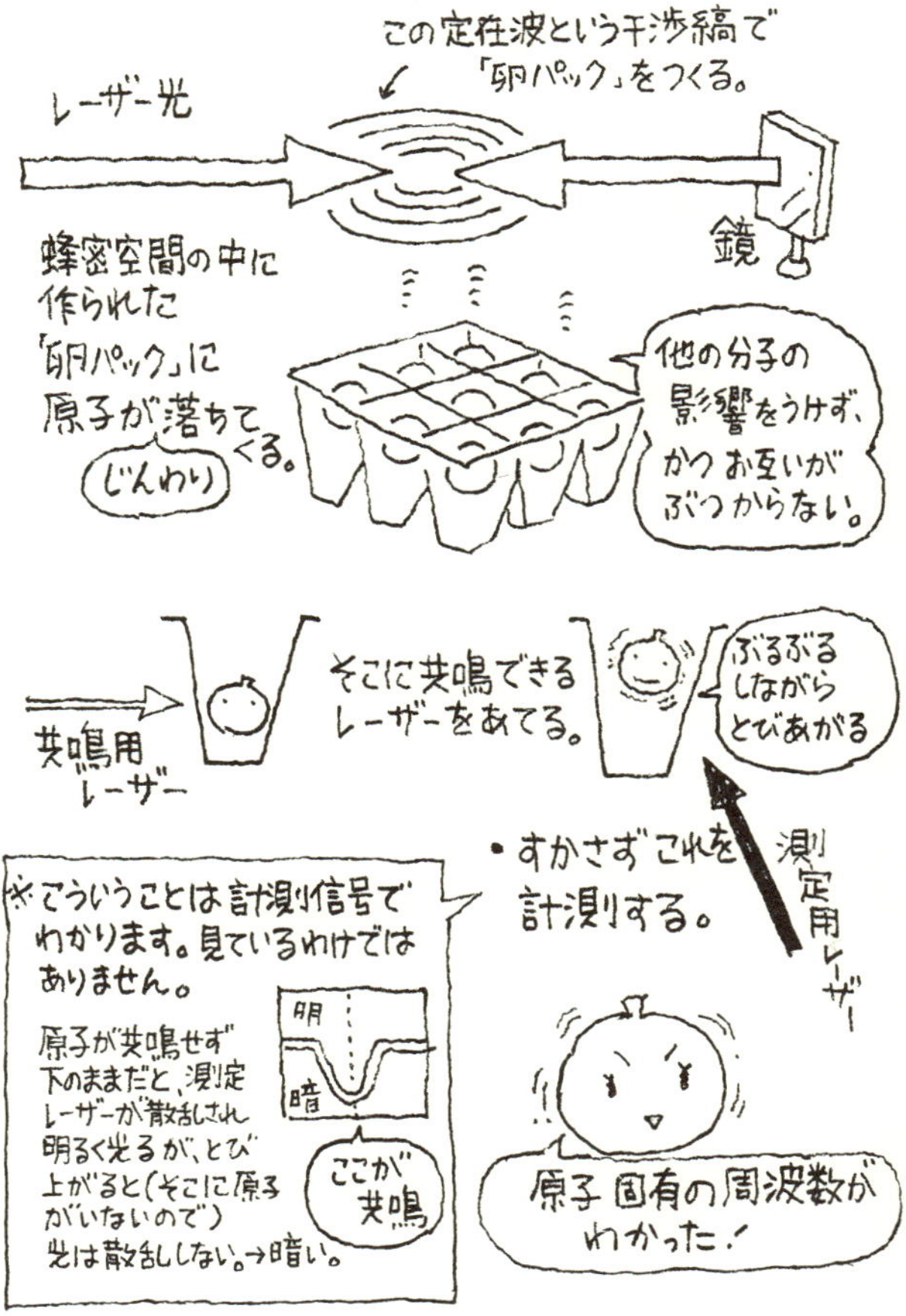
この定在波という干渉縞で
「卵パック」をつくる。
レーザー光
鏡
蜂密空間の中に
作られた
「卵パック」に
原子が落ちてくる。
じんわり
他の分子の
影響をうけず、
かつお互いが
ぶつからない。
共鳴用
レーザー
そこに共鳴できる
レーザーをあてる。
ぶるぶる
しながら
とびあがる
・すかさずこれを
計測する。
測定用レーザー
※こういうことは計測信号で
わかります。見ているわけでは
ありません。
原子が共鳴せず
下のままだと、測定
レーザーが散乱され
明るく光るが、とび
上がると（そこに原子
がいないので）
光は散乱しない。→暗い。
明
暗
ここが
共鳴
原子固有の周波数が
わかった！

行波」という波ですが、お盆やお風呂の中で波を立てると、真ん中あたりから動かない輪のような波ができることがあります。その、そこに居続ける波が「定在波」で、ここでは発射するレーザー光と、向かいのミラーで反射して戻ってくるレーザー光によって、そのような定在波をつくります。

ブヨブヨとそこで波打ち続ける定在波は、その領域に干渉縞をつくります。干渉縞というのは、いわゆるモアレです。テレビで細い縞の服などを着ている人がいるとモロモロとズレて見えたりする、あのようなもののことです。その光の干渉縞の重なりで、ちょうど卵パックのような容器ができ、原子はそこに捕まえられてしまうのです。

ちなみに、光格子の容器の深さは0・25㎜。シャーペンの芯の半径程度の深さです。原子は室温では高さ1500mぐらい飛ぶわけですから、0・25㎜の中に入れておくためには、あらかじめ原子を十分に冷やしておくことが必要だということはおわかりいただけると思います。

この仕組みによって容器の中の原子は、電磁力で強くぎゅっと捕まえられて動くことができなくなり、原子本来の色を見る環境が整いました。ブイブイ飛び回っているハエの色を見ようと思ってもよく見えませんが、虫ピンでビシッと止めると見える、というようなことを、原子を相手にしているわけですね。色を見るときには、冷却用のレーザーも周波数を狂わせる原因になるためにオフにします。光格子だけが原子を支えるという状態をつくることで、ドップラー効果もなく正しい色がわかるというわけです。

光格子が原子を支えていられる時間は1秒ほどなので、光信号の計測はその1秒を目掛けて、チーム全員（冷却レーザー&光格子用レーザー担当の私と、原子打ち上げ用のレーザー担当者、光周波数コム担当者、などなど）が息を合わせて電光石火の早業で行うことになります。

ところで今、チームの役割を挙げた中に、「原子打ち上げ用のレーザー」の担当者がいたことに気づいたでしょうか。実は、光格子の中に捕まえられたからといって、これでめでたく色が見えるというわけではなく、我々にはまだやることがあるのです。

光格子に捕まった時点では、原子は容器の底に沈んでいるようなものです。この状態のときにちょうど共鳴する周波数のレーザーが当てられると、原子はピューッと飛び上がります。原子が〝打ち上がった〟わけですね。言ってみれば、光格子の中に見えないバスケットボールのゴールがあるようなもので、よい周波数のレーザーがきたときは、原子が飛び上がって、そのゴールの輪のところにはまり、しばらくそこに浮かんでいるのです。つまり、この状態がつくれれば、この原子の周波数にあったレーザーが当てられたということになります。

光周波数コムは打ち上げ用レーザーと同時に照射され、その周波数を測ります。

これまで長々と説明した一連のことがすべてうまくできたとなると、その周波数こそが原子固有の周波数だ、ということになり、この時計はそれだけの精度が出ていることが保証されたということになります。

原子をだます魔法波長

光格子時計が発表された当時、多くの研究者がこの仕組みを信用しませんでした。発案者の香取さんはそれまで時計を研究していたわけではありませんでしたし、そもそもレーザーを使うなんて、そんなことができるわけはないではないか、と。

この方法が無謀だと考えられたのも、無理はありません。何かを精密に測ろうというときには、外乱を除外するということが鉄則だからです。邪魔なものを取り除き、測る対象しか存在しない空っぽの状態にして測ることで、初めてそのもの本来の姿がわかる。それが計測の基本なのです。確かにその光格子のためのレーザー光はかなり強く、手に当たれば火傷するし、紙に当てれば燃え出すくらいのパワーをもっています。そんな強烈なレーザー光を使ったら、レーザー光自身によって原子の色が変わってしまう。そう考えるのは科学者としては常識的なことでもあったわけです。

実際、光格子のためのレーザーは、でたらめに選んだものを使うとその影響で原子の周波数が狂ってしまい、まるっきり使い物になりません。しかし、香取さんは「魔法波長」というものがあることを理論的に予測していました。ものすごく強いレーザーでも、波長をうまいところに合わせてやると、原子にとっては、光格子の中にいるのか、何にもない空間にいるのかわからないような、何も影響がなくなる波長（魔法波長）があるのではないか、というわけです。第1章で、水銀振り子やすのこ振り子など、うまい組み合わせで環境外乱の影響をなくす話が出ました。難しい理論は省略しますが、魔法波長の考え方もそれと同じなのです。

紆余曲折《うよきょくせつ》を経て、香取さんは、原子をだますことができる魔法波長を本当に発見しました。そして、これは時計の研究者たちの前に立ちはだかっていた壁を乗り越える方法になる、原子時計に求められる性質を一度に実現できるものでした。魔法波長というこの新しい概念により、それまで対立構造にあった単一イオン時計とカルシウム原子時計は、とうとう両立し得るようになったのです（私はヘーゲル哲学の止揚を思い出します）。

香取さんは２００３年、ストロンチウム光格子時計の開発に成功しました。

このようにして光格子時計が開発されたことで、正確な原子の周波数がわかるようになりました。もちろんこれまでも、レーザーなどのない時代から分光器やプリズムで周波数を測ってくれた先人がいてくれたおかげで、それぞれの原子の周波数のおよその範囲はわかっていました。それが、より高い精度でわかるようになったわけです。たとえば、これまでは10桁の精度でわかっていたのが、今では15桁やそれ以上の精度で計測できるようになりました。

それほど高い精度のところで信号を探すのは、ラジオのつまみを合わせるように大雑把にチューニングすれば見つかるというものではなく、いわば砂漠の中に落ちている針を探すようなものです。少しずつ、少しずつ周波数を変えながら、まだ信号がない、まだ信号がない、ということを繰り返し、やっと信号を見つけ、中心をとらえることができる、というものなのです。

そのとき、「この範囲の、この辺」ということをより正確に狙《ねら》うために、実は、理論家がまず原子構造を計算してくれます。

原子というのは、原子核の周りを電子がいくつも回っている構造をもっています。原子構造の理論は非常に複雑で、解析的に手で解けるような問題ではありません。そのため、かつては原子構造の計算は非常に難しく、理論家が言うことと実験家が出した結果が合っていないこともしばしばでした。実験の方が精度が高かった時代には、「まあ、理論家の言うことだし」などといったところもあったようです

ところが現在では、コンピューターのシミュレーションやさまざまな近似計算等の理論を使うことで、かなり正しい数値が導き出せるようになっています。

余談になりますが、現在、この分野が進んでいるのには、ロシアの研究者の起用が大きく貢献していると思います。かつて、ソ連で核関連の計算等に従事していた天才的な

研究者たちが、ソ連の崩壊によって職を失い、その多くが世界中に移って行きました。そして、核の計算をしていた技術を原子構造等に応用して計算するようになったのです。その結果、理論上でもかなり高い精度の数値が得られるようになったというわけです。今では逆に、理論家の出した情報をもとに、実験家がチューニングする位置の目星をつけ、あとは実験的にターゲットとなる精度の狭い信号を探していくなど、理論家との共同研究もよく行われています。

装置はすべて研究者の手づくり

私の研究している光格子時計は、ストロンチウムではなくイッテルビウムという原子を使っています。イッテルビウムの周波数は518THz（テラヘルツ）、つまり1秒に518兆回振動しています。自然界には、そこまで速い振動が存在しているのですね。

1秒に518兆回振動するとなると、92億回振動するセシウムを用いる原子時計とは、1秒の正確性がずいぶん違ってきます。1秒をより細かく分割することができるわけですから、その分精度が上がることになります。

光格子時計 …. 鏡やコードがいっぱいです。
なんだかわかりません。

レーザーを出したり計測結果を見るのは別の場所。

産総研でイッテルビウム原子を選んだ理由は、日本ではすでに東京大学でストロンチウムを用いた光格子時計が開発されていたからです。ストロンチウムではない原子でも光格子時計ができればこの方法の汎用性《はんようせい》を示すことができますし、皆がストロンチウムしか研究していなかった場合、もし将来的にその方式について重大な欠点などが見つかったときに大変なことになってしまいます。室温変化の影響がストロンチウムより小さいなど、イッテルビウムの優位性を理論的に示す論文があったこともあり、私たちはイッテルビウムでの光格子時計づくりに挑戦しました。

最初に私たちが実験したとき、イッテルビウムの信号はなかなか見つかりませんでした。そもそも、原子を捕まえるということすらなかなかうまくいきません。捕まえたと思っても、気がつくと原子がなくなってしまっていたり。レーザーの周波数を安定化する装置が少し不安定になるだけで光の格子が壊れてしまうので、そこからいなくなってしまうわけです。格子がうまくできていたとしても、格子に捕まるくらいにまで原子を冷やすためのレーザーが不調になることもあります。

いくつもある装置のつまみを、3〜4人ぐらいであれこれ言いながら回していくその実験は、いってみれば、穴が開いた船をみんなで漕いで向こう岸まで行こうとするようなもの。向こう岸にうまく着ければ、みんな助かって成功なのですが、そこに至る前に底にずるずると沈んでいって終了、などということも少なくありません。

そのような事態に陥るのも、私たちが実験に使うレーザーは、その世界最高の性能を出すために全部手づくりでつくっているものだからです。レーザーというと、一般的に、スイッチポンでパッと光って、いくらでも一定に照射できるものをイメージされると思いますが、私たちの使っているものには、使い易さよりも極限的な性能を優先しているのです。同じ乗り物といっても、24時間動き続けるニューヨークの地下鉄と極限の速さを求めるF1マシンの違いと言えるでしょうか。あれこれ工夫をして、うまく光格子がつくれるように電子回路をつくって、なんとか安定化させているものなので、あるときに全部の装置がたまたまうまく動けば実験もうまくいく、そういうものです。そのために何人も装置に張り付いて、わーわー言いながら進めていくという、なかなか根気のいる作業なのです。

自然に白状させる

以前、「原子をだます」「原子に機嫌よくいてもらう」というように話していたら、他の分野の方に面白がられたことがありますが、研究をしているときの私たちの気持ちは実際にそのようなもので、よく、原子を擬人化して考えています。原子の気持ちを知る、光を使って原子とコミュニケートする、という感じです。

原子というのは、とても気まぐれで、気難しい存在です。適当なことをしていると、原子は何も答えてくれません。だから、本当にいい状態においてあげて、本当によいレーザーをつくってあげる。それで初めて原子と話ができるのです。

イギリスの哲学者フランシス・ベーコンの言葉に、「自然を拷問にかけて白状させる」というものがあります。つまり、自然は何にもしないと答えを教えてくれないけれど、人間がよく工夫してうまく環境を整えてやると、何らかの答えを教えてくれる、ということです。

原子時計をつくるというのも、まさにそのようなものです。最先端の技術を使って、原子と話をして、「本当に正しい周波数」という15〜18桁の数字を教えてもらえる。同じ環境を世界中でつくり、世界中で試して、数字がぴったり合えば、それはとてもよい原子時計だ、ということになります。もちろん、これまでにはうまくいかず、数字が合わない不幸な例もたくさんあったわけですが。

難しいのは、うまく合わなかったときに、そこに人為的に何らかの操作をしたら合うようになる、というのではいけないということです。それは、よい標準とはいえません。なぜなら、その調整の仕方、操作の仕方は人によって違ってくると考えられるからです。その点は、クォーツ時計が自然のものではないからという理由で、秒の定義になれなかったのと同じ理屈といえます。

人為的な調整を加えず、人間ができるベストを無心の心で尽くし、その結果出てきた答えが合わなくてはいけない。現在、秒の再定義の候補に残っているものはどれも、そのような苦しい試練を乗り越えてきたものなのです。

第3章

時間計測の精度を求めると？

1　光格子時計のその先へ

可視光線の次は紫外線やX線で

現在、新たな秒の定義の候補がいくつも採択されているとはいえ、実際に国際度量衡委員会が新たに1秒を定義し直すまでには、少なくともあと10年はかかるのではないかと考えられています。実は、今から10年前も「あと10年ぐらいしたら、新しい原子時計が刻む新しい1秒が時間の基準になる」と考えられていました。これが大幅に延びている理由は、第2章で「マイクロ波の測定精度は、10年で1桁上がっている」と説明したように、現在はまだ、この分野の技術が進展し続けているからです。光格子時計の場合は、より進化のスピードは速くなっています。

こういった技術の進化の真っ最中にあっては、せっかく定義を新しく変えても、すぐに最先端の成果とずれていってしまいます。技術の進歩のスピードが遅くなり、なかなか次の展開が出てこなくなり、しばらくこのまま先に進みそうにない飽和した状態のときが定義の「変えどき」になります。

もちろん研究開発を行っている私たちにしても、自分たちのつくったイッテルビウム光格子時計が次の1秒の候補に採択されたからといって、それでこの研究は終わりということはありません。産総研では最近、イッテルビウム原子を使った光格子時計のほかにストロンチウム原子を使った光格子時計も完成させ、この二つを使って精度を向上させる研究を始めたところです。

計測技術については、これまですでにマイクロ波による計測から光を用いた計測へと大きなステップを上っていますが、やはりもっと先があるわけです。現在の周波数計測技術では可視光を用いていますが、その先には紫外線（UV）、真空紫外線（VUV）、X線、γ《ガンマ》線と、より波長の短い電磁波があり、原理的にはいくらでも精度を上げることができます。

すでにUVやVUVについては、この波長に対応する光周波数コムもレーザーも開発されており、道具は揃《そろ》いつつあります。X線レーザーについても、現在、研究開発が進んでいます。共振させるためのレーザー、計測するためのレーザーともに、可視光よりも波長が短く周波数の高い紫外線やX線が使えるようになれば、可視光に共振する原子よりも速い振動をもつ原子を使った時計ができ、現在よりずっと精度の高い時計ができるようになります。

現在使っている波長よりも短い波長を使うようになるというのは、これまでの歴史を振り返ればごく自然な流れだと、もう皆さんにはおわかりだと思います。より短い波長で計測するには、そのようなことができるレーザーや計測技術があればよく、同時に、それに対応する範囲で速く動く原子や原子核が見つかればよいわけです。それはこれまでの考えの延長上にあり、そこには質的なステップがあるわけではありません。できないとしたら、それは単に技術的な準備が整っていない段階だからというだけであり、逆に言うと、技術的な準備が整わない限り、それ以上先には進めないということになります。

基礎研究というものは、成果が出るまで何年かかるかわからないものです。しかし、たとえば「今よりも波長の短いレーザーを開発する」ということでも、このような研究に応用できるわけで、何かをつくりたいと考えたときに、もし、その波長の短いレーザーができていなければ手も足も出ないところがあるのです。そのため基礎研究というものは、そのときには具体的に何に役立つかわからない、短期的に成果を出せるとは限らないものでも、長期的な視点で、粛々と取り組んでいく必要があるわけです。

ポータブルな原子時計の時代へ

時計の技術の挑戦として、精度の高さへの挑戦のほかに、小型化への挑戦も忘れてはなりません。原子時計でも小型化への挑戦は行われており、2013年10月には、イギリスで世界初の「原子時計の懐中時計」が発売されています。販売価格は5万ポンド、日本円にして約850万円でしたが、マニア向けの機械時計に1000万円程度するものがあることを考えると、この価格はコレクターズアイテムとして高額すぎるということはないでしょう。クォーツ時計も内蔵されていて、原子時計モードと切り替えて使うことができるようです。

日常生活においては原子時計ほど精度の高い時計は必要ありませんが（そもそもこの時計の盤面はアナログです）、時計を小型化して持ち運べるようにしようという欲求は、原子時計の時代になっても絶えていないということがわかりますね。時計というものには、精度が高ければ高いほどよい、小さければ小さいほどよいというところがあるのです。

私たちは今はまだ地球の重力にへばりついて生きていますが、いつかは宇宙に飛び出していく時代が来るでしょう。そのようなときに最も頼れる道具は、やはり時計です。正確な時計があれば、離れたところと正確に通信ができ、距離も正確に測れて、今、宇宙のどのあたりにいるかがわかります。人類がもっと宇宙に出て行く時代になったときには、ポータブルで性能の良い時計はさらに重要な役割を果たすようになるのです。

原子核時計——より速い振動を求めて

時計の精度向上への挑戦も、もちろん無限に続きます。時計の基準がマイクロ波から光になって3桁アップした、10^{-15}～10^{-18}もの精度が実現できた、と我々は喜んでいるわけですが、光格子時計の次の時代を担う「原子核時計」はさらにその上をターゲットにしています。原子核時計の研究は１９８０年代にドイツで起こりましたが、今はアメリカがトップを走っています。

もしかすると、「原子核」と聞いて「怖い」と感じた人もいるかもしれません。しかし、これは何も怖いことはありません。原子核を割ったり（核分裂）、くっつけて融合させたり（核融合）する場合はものすごく高いエネルギーが出るのですが、原子核時計では原子核をブルブル震わせることしかしないので、そのようなことは起こらず、心配は無用です。怖いものではないということは、最初にお伝えしておこうと思います。

さて、なぜ原子核なのかというと、原子核は原子を構成するものの中で最も硬いからです。硬いものは軟らかいものよりも速く振動するので、これもまた、より速い振動を求める歴史の流れの中にあることがわかります。

周期運動を利用した時計の基準の歴史をみると、振り子に始まり、次第に硬いものへと移ってきています。水晶は硬くて速く振動しますが、セシウム原子はもっと硬く、イッテルビウム原子はさらに硬くて、より速く振動します。そして、原子核と電子で構成される原子の中でももっと硬いのが原子核で、そのような硬いものをブルブル震わせて速い振動を得ようということです。一般に原子核を振動させるにはかなり高いエネルギーが必要で、レーザーや光ではちょっと難しく、γ線ぐらいでようやく振動し始めるようです。

現在アメリカで用いられているのはトリウムのイオンですが、原子核だけを取り出して直接震わせるわけではありません。トリウムイオンには、ある特定の波長や周波数で電子をうまく振動させると、その振動が中の原子核に伝わって原子核が動き出すという独特のメカニズムがあるので、それを利用しようとしています。これはまだ現実に成功しているわけではなく、理論上、そうなると考えられている段階です。

原子核時計研究の第一人者であるドイツの物理学者エッカート・パイクは、このメカニズムについて「外の電子がアンテナのように働いて、効率よく外のエネルギーを捕えて原子核に受け渡している」という直観的な仮説を立てています。これを外からある周波数のレーザーでゆすってやると、電子を媒介にして中の原子核がブルブルする。このメカニズムを使うと、もっといい時計ができるだろうというわけです。

精度が上がると予想される理由は、原子核はいわば梅干しの種のように外側を電子にくるまれているため、さまざまな環境外乱の影響が少ないからです。普通の原子時計の場合に振動子として働く電子のようにむき出しになっていると、光や温度の影響を受けて数値も狂ってしまうのですが、これは電子にくるまれているので、真空装置に入れて隔離しなくてもよくなる可能性があります。真空装置のような大げさなもののかわりに、結晶のような小さな固体に入れて時計（周波数の基準）をつくることができれば、将来的には小さくて携帯可能な原子核時計もできることでしょう。やはり時計であるからには、小型で持ち運びができることは、とても重要です。

環境の影響を受けにくい原子核時計の場合、見込まれる精度は10^{-18}～10^{-20}レベル。またここから終わりのない戦いが始まると予感させられます。

2　高精度の時計はどう応用できるか

通信がより高速になる

原子時計のような高精度の時計（周波数標準）の技術は、さまざまな分野への応用が可能です。時計の技術のうち、「時間」の面に着目する代表的なものが通信分野への応用、「周波数」という面に着目する代表例が測定分野への応用です。

通信分野ではすでに光通信は一般的になっており、家や職場で光通信を利用している方も多いと思いますが、当然、これをもっと大容量かつ高速にしたいという尽きせぬ欲求があるわけです。時計の精度を上げる技術は、この欲求を満たす技術そのものだといえます。

通信の基本は狼煙《のろし》です。遠くにいる仲間に、煙を上げることで何かの情報を伝える。とてもアナログな技術ですが、煙が上がっているか上がっていないか、すなわち「1か0か」で伝えるという点では、デジタル通信の元祖だといえます。

光を用いるモールス信号もそうです。離れた場所にいる人と夜に通信するときに、懐中電灯をつけたり消したりして、モールス信号の「トンツー・トンツー」を光で表現することで情報を伝える。その光のオン／オフに何らかの符合や意味をもたせることができれば、通信できるわけですね。

現在の光ファイバーの通信も、あるタイミングに光がないかあるかということ、光が0か1かが基本です。デジタル通信というのは、通信したい情報（アナログ信号でも画像でも音声でも）を、いったん0と1だけの塊にして送り出す、ということをします。つまり、コーディング（コード化）して送り、デコーディングすることでアナログに再生する、というプロセスを経ることで成り立っているのです。

光のオン／オフのタイミングは、時間単位で区切られて決められています。速い波を使えば容量が増えるというのは、そのためです。通信の波をできるだけ短い時間に分割してオン／オフ／オン／オフをしていけば、速い通信ができることになります。109ページの図で周波数計測の説明をするときに、長い竹筒のようなものを例に挙げてイメージしましたが、要するに、この竹筒の節の間をできるだけ短くする、ということです。

このときに基準（周波数標準）となる時計がフラフラしていると、オン／オフのタイミングがずれて0であるべきところが1になるなどして、通信中に0と1が混ざってしまいます。そうすると、ファイルは壊れたり通信不良でぐちゃぐちゃになったりして、受け取った先で情報がうまく再生できなくなります。しかし、送信側、受信側の双方に時間の周波数の基準があり、それらが正確に動いていれば、細かく区切った信号が正確にやりとりできます。このように時計は、通信においてとても重要な役割を果たしているのです。

このように、コンピューターの通信では世界中のサーバーが同期していることが非常に重要であり、現在アメリカのグーグル社では、サーバーに原子時計を導入する動きが出てきています。これまではサーバーを同期するために、ときどき基準となるホストコンピューターにアクセスして修正する必要がありましたが、原子時計のポータブルなものを各サーバーにつけてしまえば、そのようなことをしなくてよくなります。それだけで、正確に時を分割してタイミングが全く狂わないサーバーができ、コストの削減も通信速度の向上もできるというわけです。少し前には「将来は通信分野においても原子時計が実用ツールとして使われるようになるだろう」と予測として語られていたことが、今、現実のものになりつつあるのです。

GPSでの位置測定、誤差が1㎛以下に？

具体的に、何万年に1秒も狂うことのない正確な時計があると、私たちの社会にどのように役立つのでしょうか？　おそらく、長さ・距離の計測への応用が最も多いと思わ

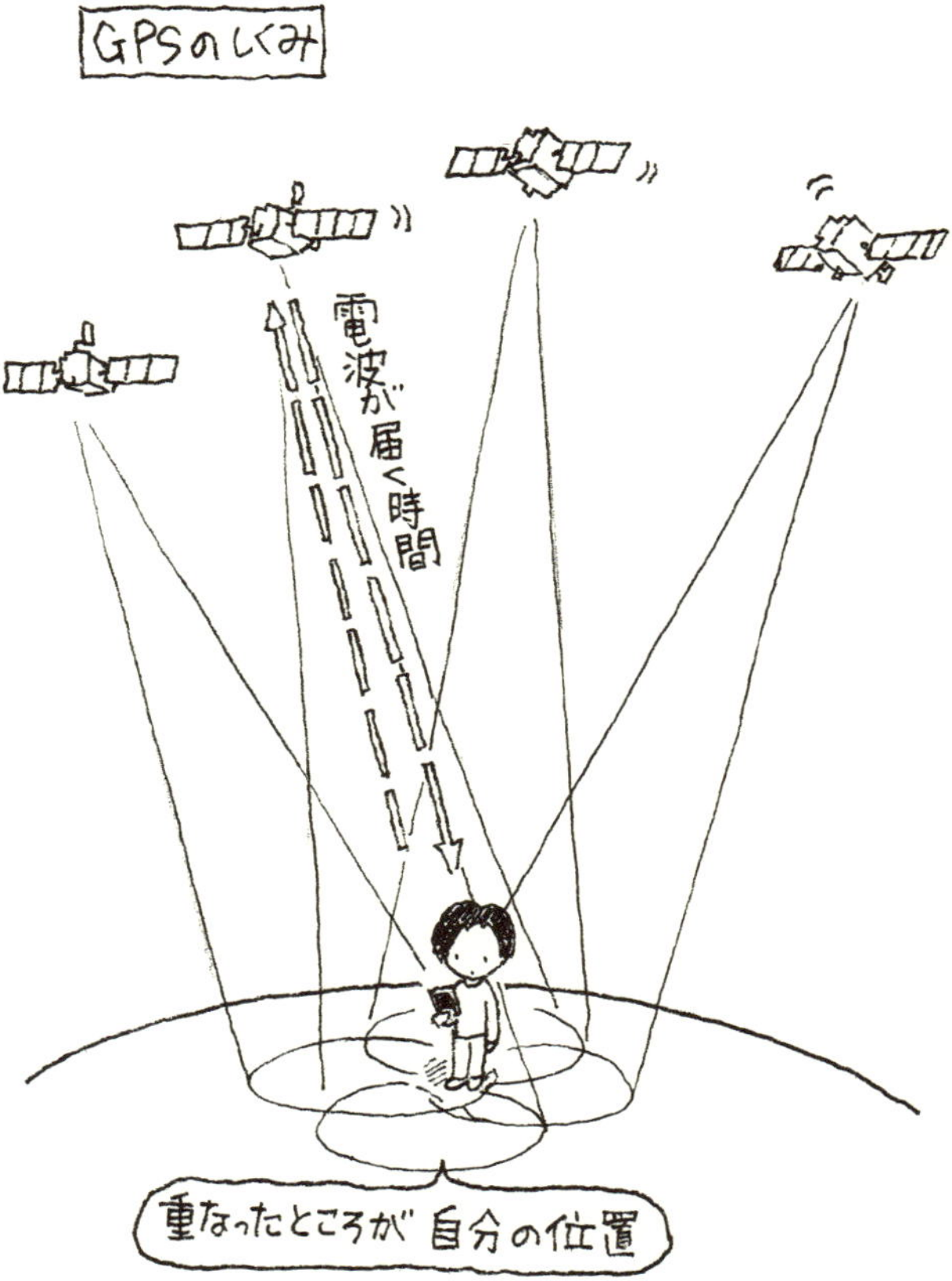
GPSのしくみ
電波が届く時間
重なったところが自分の位置

れます。現在、「1m」という長さも「1秒の299792458分の1の時間（約3億分の1秒）に光が真空中を伝わる距離」と時間によって定義されているように、長さと速さと時間には、切っても切れない関係があります。これは小学校の算数に出てくるほど基本的な考え方です（「駅から徒歩何分」と距離を表すのと同じ考え方です）。

この考え方を用いている技術のうち、最も代表的なものがGPSというわけです。GPSは地球上の高度2万kmをまわるGPS人工衛星と、地上にある受信機の間を電波が往復するのにかかる時間から距離を割り出し、受信機の位置を測量する仕組みで、このGPS衛星には原子時計が積まれ、時刻を示す電波をつねに発信しています。宇宙から発信された電波が受信機に届くまでには時間がかかるので、衛星が発信した時間と、地上で受信機が電波を受信した時の時間の差から、受信機のある位置がわかる、ということになります。

一つの衛星と基地局の間の通信によって導き出せるのは1次元の位置で、衛星の数を三つ、四つと増やし、異なる角度から測定することで、アンテナがどこにあるかが相対的に特定できるというわけです。

このような仕組みなので、時計の精度が上がれば必然的にGPSの精度も上がります。現在のGPSは誤差が数cmから数十cmですが（これは、技術的に可能な数字で、日常的に使われているものは10m程度の誤差があります）、いずれは1μm（マイクロメートル）程度の距離でも、誤差なく宇宙から測量できるようになる可能性もありそうです。

そんな微細なことがわかっても、あまり意味はないではないか、と思われるかもしれません。しかし、実はこのようなことは大切な情報につながっています。

たとえば、1990～91年に噴火した長崎県の雲仙普賢岳。噴火後も活発な火山活動を続けており、いつ噴火するかわからない火山の観測を人間が現地で行うのは危険だと考えられました。しかし、いざというときに避難勧告を出すためには、正確に溶岩の様子を計測していなければなりません。そこで92年からは、溶岩ドームの膨張という噴火の前兆となる地殻変動をとらえるために、ドームの近くにGPS観測点が設置されました。その観測点の高度が上がれば、ドームが盛り上がったことがわかるわけです。93年の観測記録を見ると、1～4月にかけて約40cmも膨張しているとわかります。精度の高いGPSは、そのような地殻変動という環境変化も捉えることができるのです。

時計が重力センサーになる

さらに今後、GPS衛星に搭載する時計の精度が上がり、誤差が10^{-18}という時計ができれば、時計はもっと別のかたちで使えるようになります。

たとえば、重力センサー。普段は意識すらしないことですが、実は重力の強さというものは、高さが違うと変わってきます。そして、重力が変わると時間の進み方が変わります。高いところにある方が重力が小さくなるので、その分、時間の進み方が速くなるということです（高さ1cmの違いで10^{-18}の時間の違い）。これはアインシュタインの一般相対性理論に基づいていることです。よく「相対性理論は何の役に立つのか」といわれますが、現実にはGPSの設計に組み入れられるなど、現在では実用的なツールとして重要な役割を果たしています。

高さによって時間の進み方が異なるということは、人間の爪先《つまさき》と頭の先を比べると、頭の方が先に歳をとる、ということになります。身長170cmの人が80歳まで生きた場合、4分の1を立って過ごしていると仮定して計算すると、頭の先が爪先よりも年をとっている時間が0.1μ秒ほど。日常生活の中ではごく微量な時間ですが、今どきの時間を計る技術からすると巨大な長い時間といえなくもありません。

小数点以下15〜18桁という精度を扱う科学技術の世界では、このような微細な差も大きな意味をもつものになります。物理学は歴史的に、さまざまなものを分割して細かく調べることで進んできた分野ですが、精密に計測することを極限までつきつめていくと、どんどん細かい新しいことが見えてきます。応用する際にも、今まで考えていなかったことを考えないと、誤差が大きすぎて何をしているのかわからなくなってきてしまうところがあります。それがまた、新しいセンサーや応用につながっていくということです。

実際に、原子時計の原子は重力の影響を受け、高さによって周波数が変わります。現代の技術では、それが数値としてはっきりと見えるのです。この事実が、原子時計が重力センサーとして使えるのではないか、という発想につながっていきます。

重力センサーとしての用途としては、まず「地下を可視化する」ということが挙げられるでしょう。もともと科学は天文学からスタートしましたが、同じように人間の周囲にあるものなのに、地下のことは未だによくわかっていません。星は肉眼で見えますし、望遠鏡や電波望遠鏡によってさらに細かく見ることができますが、それに対して地下は、人間が掘る量に限度があることもあって、容易に見ることができません。しかし、地下の岩盤に妨げられて見えなかったものが見えるようになれば、地球科学の分野や、地震予知、資源探索等の研究は大幅に進むことでしょう。

光周波数コムができて光の周波数が測れるようになってから光原子時計の研究が急速に進んだように、見たり測ったりできるようになることで、その分野は一気に進展します。見たり計測したりできなければ、いつまでも仮説のままですが、それが実際にどうであるのかがわかるようになるわけですから。まさに「百聞は一見にしかず」で、どうなっているか見える、測れるということが、科学ではすべてのスタートになります。

では、重力センサーができれば、どういうことができるでしょうか。まず、そのセンサーを車に積んで砂漠地帯を走り、重力が弱い地帯をマッピングする、というようなことが考えられます。重力が弱いということは、地下が岩盤ではなく空洞になっている可能性が高いということで、「もしかしてそこには石油があるのでは」などと推測することができます。そのように、掘削せずに資源探索ができる可能性があるわけです。

重力の違いから、地面の中の様子がわかる!?
時計が重力センサーになる
石油とか

日本のように地震の多い国では、地下の状態がどうなっているのかを調査したいというニーズも大きいものがあります。地下の岩盤の状態の変化をリアルタイムで捉えられれば、地震の予兆もキャッチできると考えられます。現在は井戸を掘って地下水の推移を計測するという地質調査が行われていますが、井戸を掘るにも限界があります。同じ目的の調査が、掘らずに、時計でできるようになる可能性があるわけです。

いずれは地下についても3次元構造を知りたいというニーズも出てくるでしょう。現在は地下の3次元的な探査の具体的方法は見えていませんが、GPSで三つも四つも人工衛星を使って3次元的に位置を測定するように、原理的な可能性が検証できれば、いずれそれを実現する技術も出てくると思われます。

周波数測定で、ガンの早期発見を

分光学からスタートした周波数測定のスペクトル分析技術も、現在は非常に精度や感度が上がり、ごく微量な元素でも検出できるようになっています。これも非常に多方面に応用できる技術の一つです。

まず、期待されているのが医療への応用です。

皆さんは「ガン探知犬」というのをご存知でしょうか。ガンになった患者さんの呼気の中には、健康な人とは異なるアセトン等の化学物質が増えるといわれています。犬の鋭い嗅覚《きゅうかく》を利用してそのような化学物質のにおいを検知させ、ガンの早期発見につなげるというのがガン探知犬の役割です。この犬の代わりに、周波数測定器を用いて呼気に混じる特定の化学物質を検知し、科学的にガンを早期発見しようという研究も進められています。

また、アメリカの光格子時計の光周波数コムの研究者ジュン・イェーの研究室では、周波数測定技術を応用して、バクテリア殺菌装置の効果測定を行っています。医療分野食品産業でも使っているバクテリア殺菌装置は、コールドエア・プラズマを発生させて殺菌を行う装置ですが、装置内の空気の組成の状態、分子の状態がどのようなときに最も殺菌効果が高いかを、光周波数コム等を用いて測定・分析しているそうです。

これらの二つの例は、いずれも微量な元素を検出するという点で本質的には同じです。計測技術はCO_2の濃度や有害物質の測定などの環境測定をはじめ、非常に広範囲の応用が期待できるものです。

地球型惑星を探索する

天文学の分野では、周波数分析技術を地球型惑星の探索に応用できるのではないかと考えられています。現在、国立天文台の家正則《いえまさのり》教授が、口径30mもの光学望遠鏡によって宇宙の謎《なぞ》に挑もうというプロジェクトを進めていますが、ここに光周波数コムや産総研の最先端の計測技術も使えるだろうというわけです。

宇宙に地球に似た星が存在するかどうかは、宇宙から届く光の周波数を精密に測ることでわかるのではないか。そのような仮説のもと、宇宙からの光を分光器にかけて光の色を見ていきます。そしてここでもまた、原子の振動を計測するときに出てきたドップラー効果が関連してきます。

たとえば、地球の太陽系は、太陽という恒星の周りを惑星が回っているというシステムですね。別の地球型惑星も、別の恒星の周りを回っていると考えることができます。探査ではまず、その「別太陽」と思われる恒星から届く光を分光します。もし、その別太陽の周りを木星のような大きさの惑星が回っていた場合、別太陽は、「別木星」の引力によって少し引っ張られて動きます。光源が動くとドップラー効果が起こるので、その現象を見つけることにより、太陽系の外に地球のような星があることがわかる、ということになります。もし地球型惑星があれば、そこに宇宙人がいてもおかしくないだろうなど、この研究はSF的なロマンにもつながり、聞いているだけでわくわくしてきます。

想像もできない未来に向けて

本章では、時計の技術が未来においてはどのように進化し、使われていくかを紹介しました。ここに書いたことは、現在の技術の延長で想像できること、実際に実現しつつあることばかりですが、本当の未来には、現在の私たちには想像もつかない応用もきっとあるはずです。香取さんは、よく執筆されるテキストを「我々の想像力が問われている」という一文で締めています。私はこの言葉に頷《うなず》く一方で、未来を想像して応用を探るときには、我々の想像力に加えて、異分野の方の想像力とのコラボレーションも有効なのではないかと考えています。

たとえば、評論家の立花隆さんは「日本再生」という雑誌の連載記事で「4次元時計」というキーワードをかかげていました（「文藝《ぶんげい》春秋」2012年新年特別号）。この言葉は相対性理論を含んでいるうえ、我々の世代にとっては『ドラえもん』の「4次元ポケット」を連想させるような、ある種の現実離れしたイメージも内在しており、とてもアピール力に富んだ魅力的な言葉だと思います（また、松本零士《れいじ》さんのマンガのタイトルにもなっています）。

あるいは、19世紀のSF作家ジュール・ヴェルヌ。ヴェルヌが書いた『月世界旅行』や『海底二万哩《マイル》』に出てくる技術――気球による世界一周、月ロケット、潜水艦など――は、当時は荒唐無稽《むけい》なものでしたが、現在ではすべて実現しています。ヴェルヌはよく当時の自然科学の論文に目を通していたそうで、一見、荒唐無稽な想像力の産物に思えるものでも、科学的な知見のもとの想像であれば十分に原理的に可能なことも多いのです。そのような異分野の才人の想像力から、未来の製品につながる技術が生まれてくるかもしれません。私たちの想像もつかない未来を考えていこうとするときには、科学・技術の動向に詳しい評論家やSF作家などとのディスカッションがあってもよいのかもしれません。

＊

私は、人間が思いつくようなものは、実はもうこの世界にあらかじめあるのではないか、まだ人間の知識や技術がそれに追いついていないために見えなかったり、実現できていなかったりするだけなのではないか、と思っています。本当はこの世界に存在していて、発見されるのを待っていることがたくさんあるのでしょう。科学はそのような隠れている真実を見つけていくものです。私も研究者の一人として、時間を計る技術の研究を通して、これからも発見されるのを待っている真実を探していきたいと考えています。

おわりに

私の育った島根県大田市（旧邇摩《にま》郡）仁摩町にある仁摩サンドミュージアムは同町の琴ヶ浜海岸の鳴き砂をモチーフにした博物館です（夏、琴ヶ浜海岸で泳いだのも懐かしい思い出です）。そこに鎮座する世界一大きな一年砂時計は、毎年大晦日《おおみそか》の「時の祭典」で年男や年女が皆でひっくり返して、また新しい一年を計ることができるようになります。この地を舞台にしたドラマや映画にもなった『砂時計』というマンガもあります。その近くには、世界遺産、石見《いわみ》銀山もあります。最盛期の17世紀初め頃、世界で産出する銀の3分の1が日本産であり、そのかなりの部分を石見銀が占めていたといわれています。これをめぐり、多くの戦国大名が覇権を争ってきました。また、その名は日本国内にとどまらず、Hivami（石見）、Argenti fodinae（銀鉱山）として、同時代のポルトガルの地図にも載っています。あと島根といって忘れてはならないのが、神話の時代よりあり続け、最近、60年振りの遷宮を迎えた出雲大社です（60は、10と12の最小公倍数）。

このように、砂時計、大航海時代、出雲大社など、時空間を超えたテーマが存在する島根県出身の私が時計に興味をもつようになったのは、ある意味で必然だったのかもしれません。

物心がつき始めた1970年代終わり頃、家の柱時計のぜんまいを巻くのが私の仕事でした（当時としても多少時代遅れな感じですが、島根県では時の流れが多少遅いのです。パワースポットのせいで重力が強いのかもしれません）。また、当時は進学就職の時期になると新聞広告に腕時計の宣伝が多くなり、きれいな腕時計の写真がたくさん並んでいました。それを眺めるのも好きでしたし、それをハサミで切り抜いた紙製の腕時計をセロテープで腕に貼り付けて幼稚園へ行く、時計ごっこをして遊んだりもしていました。高校生になって念願の腕時計を買ってもらい、通学途中、汽車の中でふと、「時計がなければ、時間はなかったのか？」などと思いついたこともありました。

その後、大学に進んだわけですが、初めから研究者になろうという意志は全くありませんでした。研究室での香取さん（秀俊。現・東京大学大学院工学系研究科物理工学専攻教授）との出会いなど、偶然の積み重ねの結果、今に至っているというのが正直な実感です。

時計に限らず、いまなお猛烈な勢いで進化・発展している、科学・研究というのは何千年にもわたるモノ・技術・知識の蓄積で成り立っているものであり、いったんやめてしまうと、いざ再開しようとしても、最先端に追いつくことはそうたやすいことではありません。何千年にもわたって先人が蓄積してきたものを自分たちのところで絶やすのはとてももったいないことなのです。

逆に、「何千年もの蓄積」「先人たちがあらゆることをやってきた」ということを知ると、それで圧倒され、自分に何ができるのかと諦めてしまう人もいるかもしれません。しかし、科学・技術をここまで進展させてきた歴史の中には、ニュートンやアインシュタインしかいなかったわけではなく、無名の多くの科学者・技術者たちが存在していました。そして、科学・技術の歴史は人類が存在する限り、まだまだ無限に続いていきます。その中で一研究者の端くれである自分でも、精一杯がんばってみれば、もしかしたらそこで何かひとつ、科学・技術に対して貢献ができるかもしれないのです。私はそのように考えて研究に取り組んでいますし、若い方々がそう考えて科学に向き合っていってくださるとよいと思っています。

原稿を閲読していただきました大苗敦さん（産総研）と、原子核時計について教えていただきました山口敦史さん（理研）に感謝いたします。

二〇一四年四月

安田正美

※本書は個人の見解であり組織を代表するものではありません。
※正確さよりも分かり易さを優先しました。
※誤解など含まれるかもしれません。ご批判・ご教示いただければ幸いです。

ちくまプリマー新書

ちくまプリマー新書

073 生命科学の冒険
——生殖・クローン・遺伝子・脳
青野由利
最先端を追う「わくわく感」と同時に、「ちょっと待てよ」の倫理問題も投げかける生命科学。日々刻々進歩する各分野の基礎知識と論点を整理して紹介する。

101 地学のツボ
——地球と宇宙の不思議をさぐる
鎌田浩毅
地震、火山など災害から身を守るには？ 地球や宇宙の起源に迫る「私たちとは何か」。実用的、本質的な問いを一挙に学ぶ。理解のツボが一目でわかる図版資料満載。

112 宇宙がよろこぶ生命論
長沼毅
「宇宙生命よ、応答せよ」。数億光年のスケールから粒子の微細な世界まで、とことん「生命」を追いかける知的な宇宙旅行に案内しよう。宇宙論と生命論の幸福な融合。

114 ALMA電波望遠鏡 *カラー版
石黒正人
光では見られなかった遠方宇宙の姿を、高い解像度で映し出す電波望遠鏡。物質進化や銀河系、太陽系、生命の起源に迫る壮大な国際プロジェクト。本邦初公開！

115 キュートな数学名作問題集
小島寛之
数学嫌い脱出の第一歩は良問との出会いから。「注目すべきツボ」に届く力を身につければ、ものごとの本質を見抜く力に応用できる。めくるめく数学の世界へ、いざ！

ちくまプリマー新書

120 文系？ 理系？
――人生を豊かにするヒント
志村史夫
「自分は文系（理系）人間」と決めつけてはもったいない。素直に自然を見ればこんなに感動的な現象に満ちている。「文理（芸）融合」精神で本当に豊かな人生を。

155 生態系は誰のため？
花里孝幸
湖の水質浄化で魚が減るのはなぜ？ 湖沼のプランクトンを観察してきた著者が、生態系・生物多様性についての現代人の偏った常識を覆す。生態系の「真実」！

157 つまずき克服！ 数学学習法
高橋一雄
数学が苦手なすべての人へ。算数から中学数学、高校数学へと階段を登る際、どこで、なぜつまずいたのかを自己チェック。今後どう数学と向き合えばよいかがわかる。

163 いのちと環境
――人類は生き残れるか
柳澤桂子
生命にとって環境とは何か。地球に人類が存在する意味、果たすべき役割とは何か――。『いのちと放射能』の著者が生命四〇億年の流れから環境の本当の意味を探る。

175 系外惑星
――宇宙と生命のナゾを解く
井田茂
銀河系で唯一のはずの生命の星・地球が、宇宙にあふれているとはどういうこと？ 理論物理学によって、太陽系外惑星の存在に迫る、エキサイティングな研究最前線。

ちくまプリマー新書

177
なぜ男は女より多く産まれるのか
——絶滅回避の進化論
吉村仁
すべては「生き残り」のため。競争に勝つ強い者ではなく、環境変動に対応できた者のみ絶滅を避けられるのだ。素数ゼミの謎を解き明かした著者が贈る、新しい進化論。

178
環境負債
——次世代にこれ以上ツケを回さないために
井田徹治
今の大人は次世代に環境破壊のツケを回している。雪だるま式に増える負債の全容とそれに対する取り組みがこの一冊でざっくりわかり、今後何をすべきか見えてくる。

187
はじまりの数学
野﨑昭弘
なぜ数学を学ばなければいけないのか。その経緯を人類史から問い直し、現代数学の三つの武器を明らかにして、その使い方をやさしく楽しく伝授する。壮大な入門書。

193
はじめての植物学
——植物たちの生き残り戦略
大場秀章
身の回りにある植物の基本構造と営みを観察してみよう。大地に根を張って暮らさねばならないことゆえの、巧みな植物の「改造」を知り、植物とは何かを考える。

195
宇宙はこう考えられている
——ビッグバンからヒッグス粒子まで
青野由利
ヒッグス粒子の発見が何をもたらすかを皮切りに、宇宙論、天文学、素粒子物理学が私たちの知らない宇宙の真理にどのようにせまってきているかを分り易く解説する。

ちくまプリマー新書

ちくまプリマー新書

002
先生はえらい
内田樹
「先生はえらい」のです。たとえ何ひとつ教えてくれなくても。「えらい」と思いさえすれば学びの道はひらかれる。――だれもが幸福になれる、常識やぶりの教育論。

028
「ビミョーな未来」をどう生きるか
藤原和博
「万人にとっての正解」がない時代になった。勉強は、仕事は、何のためにするのだろう。未来を豊かにイメージするために、今日から実践したい生き方の極意。

067
いのちはなぜ大切なのか
小澤竹俊
いのちはなぜ大切なの？――この問いにどう答える？子どもたちが自分や他人を傷つけないために、どんなケアが必要か？ホスピス医による真の「いのちの授業」。

072
新しい道徳
藤原和博
情報化し、多様化した現代社会には、道徳を感情的に押しつけることは不可能だ。バラバラに生きる個人を支えるために必要な「理性的な道徳観」を大胆に提案する！

099
なぜ「大学は出ておきなさい」と言われるのか
――キャリアにつながる学び方
浦坂純子
将来のキャリアを意識した受験勉強の仕方、大学の選び方、学び方とは？就活を有利にするのは留学でも資格でもない！データから読み解く「大学で何を学ぶか」。

ちくまプリマー新書

162
世界の教科書でよむ〈宗教〉
藤原聖子

宗教というとニュースはテロや事件のことばかり。子どもたちは学校で他人の宗教とどう付き合うよう教えられているのか、欧米・アジア9か国の教科書をみてみよう。

184
イスラームから世界を見る
内藤正典

誤解や偏見とともに語られがちなイスラーム。その本当の姿をイスラーム世界の内側から解き明かす。イスラームの「いま」を知り、「これから」を考えるための一冊。

082
古代から来た未来人 折口信夫
中沢新一

古代を実感することを通して、日本人の心の奥底を開示した稀有な思想家・折口信夫。若い頃から彼の文章に惹かれてきた著者が、その未来的な思想を鮮やかに描き出す。

048
ブッダ
——大人になる道
アルボムッレ・スマナサーラ

ブッダが唱えた原始仏教の言葉は、合理的でとってもクール。日常生活に役立つアドバイスが、たくさん詰まっています。今日から実践して、充実した毎日を生きよう。

043
「ゆっくり」でいいんだよ
辻信一

知ってる？　ナマケモノが笑顔のワケ。食べ物を本当においしく食べる方法。デコボコ地面が子どもを元気にするヒミツ。「楽しい」のヒント満載のスローライフ入門。

ちくまプリマー新書215

1秒《びょう》って誰《だれ》が決《き》めるの？　日《ひ》時計《どけい》から光格子時計《ひかりこうしどけい》まで

二〇一四年六月十日　初版第一刷発行

著者　安田正美（やすだ・まさみ）

装幀　クラフト・エヴィング商會

発行者　熊沢敏之

発行所　株式会社筑摩書房
東京都台東区蔵前二‐五‐三　〒一一一‐八七五五
振替〇〇一六〇‐八‐四一二三

印刷・製本　中央精版印刷株式会社

ISBN978-4-480-68918-4 C0242 Printed in Japan

乱丁・落丁本の場合は、左記宛にご送付下さい。
送料小社負担でお取り替えいたします。
ご注文・お問い合わせも左記へお願いします。
〒三三一‐八五〇七　さいたま市北区櫛引町二‐六〇四
筑摩書房サービスセンター　電話〇四八‐六五一‐〇〇五三